ÉLÉMENS

DE CHYMIE.

TOME PREMIER.

ÉLÉMENS
DE CHYMIE

DE J. A. CHAPTAL,

Professeur de Chymie à l'Ecole de Santé de
Montpellier, Associé à l'Institut National de
la République Française, &c. &c.

TROISIÈME ÉDITION,
revue et augmentée.

TOME PREMIER.

A PARIS,

Chez DETERVILLE, Libraire, rue du Battoir,
n°. 16, près la rue de l'Eperon.

AN V. [1796 ère anc.]

AVIS DE L'ÉDITEUR.

Quoique tous les Peuples se soient appropriés, par des traductions, les *Elémens de Chymie de Chaptal*, quelques mois ont suffi pour en épuiser la seconde édition françoise; et nous sommes forcés, pour ne pas laisser manquer un ouvrage utile, d'en publier une *troisième*.

L'auteur a cru ne pouvoir mieux répondre à l'accueil que le public accorde à cette production, qu'en l'enrichissant de nouveaux faits, et sur-tout de nouvelles applications aux arts et aux phénomènes que la nature nous présente dans ses opérations.

Dans ces momens de crise, où la France bloquée de toutes parts n'avoit plus de relations de commerce avec les Nations voisines, et se voyoit réduite aux seules ressources de son sol et de son industrie, on a vu naître, presque à-la-fois, l'art d'extraire la soude du sel marin, les moyens de fabriquer le savon par-tout et avec économie, des procédés simples pour tanner les cuirs en quelques jours, des méthodes faciles pour récolter dans nos forêts toute la résine que réclament les besoins de la marine, &c. Tous ces prodiges de l'industrie françoise sont décrits dans cette *troisième édition*.

Tome I. &

TABLE MÉTHODIQUE

DES MATIÈRES.

TOME PREMIER.

PREMIÈRE PARTIE.

DES PRINCIPES CHYMIQUES.

Appellé par le Gouvernement pour concourir à imprimer et diriger le mouvement révolutionnaire dans la partie des salpêtres et poudres, l'auteur a vu s'opérer sous ses yeux un des prodiges les plus étonnans de la révolution; aussi nous a-t-il fourni un article très-détaillé sur cet objet, et des observations précieuses sur les *nitrières artificielles*.

Mais indépendamment de ces divers objets, le lecteur trouvera dans cette édition trois ou quatre nouveaux chapitres ajoutés à l'analyse des substances animales, une nouvelle distribution dans l'analyse végétale, plusieurs articles présentés avec plus de détails, &c.

L'auteur, affecté de plusieurs fautes très-graves d'impression qui se sont glissées dans la seconde édition qu'il n'avoit pas pu diriger, a surveillé lui-même l'exécution typographique de celle-ci. En un mot, il n'a rien négligé pour justifier la confiance dont le public honore cet Ouvrage.

SECTION VII.

SECTION VIII.

SECTION IX.

TOME SECOND.

SECONDE PARTIE.

DE LA LITHOLOGIE OU DES SUBSTANCES PIERREUSES.

PREMIÈRE CLASSE.

De la combinaison des terres avec les acides.

a 4

SECONDE CLASSE.

TROISIEME CLASSE.

CHAPITRE II.

Du Cobalt.

CHAPITRE III.

Du Nickel.

Tome I. b

TROISIÈME PARTIE.

DES SUBSTANCES MÉTALLIQUES.

CHAPITRE PREMIER.

De l'Arsenic.

CHAPITRE VI.

Du Zinc.

CHAPITRE VII.

Du Manganèse.

CHAPITRE IV.

Du Bismuth.

CHAPITRE V.

De l'Antimoine.

CHAPITRE X.

Du Fer.

b 3

CHAPITRE VIII.

Du Plomb.

CHAPITRE IX.

De l'Étain.

CHAPITRE XII.

Du Mercure.

CHAPITRE XIII.

De l'Argent.

CHAPITRE XI.

Du Cuivre.

CHAPITRE XII.

Du Mercure.

CHAPITRE XIII.

De l'Argent.

CHAPITRE XIV.

De l'Or.

CHAPITRE XV.

Du Platine.

CHAPITRE XVI.

Du Tungsten et du Wolfram.

CHAPITRE XVII.

Du Molybdène.

TOME TROISIÈME.

QUATRIÈME PARTIE.

DES SUBSTANCES VÉGÉTALES.

INTRODUCTION. Caractères du végétal. Différences entre les substances des trois règnes. Vice des
méthodes employées jusqu'ici à l'analyse végétale.
Plan d'analyse et distribution plus méthodique des
divers principes du végétal,   pages 1-9.

SECTION PREMIÈRE.

SECTION II.

SECTION III.

SECTION IV.

SECTION V.

CINQUIÈME PARTIE.

DES SUBSTANCES ANIMALES.

FIN DE LA TABLE MÉTHODIQUE.

DISCOURS

DISCOURS PRÉLIMINAIRE.

Il paroît que les anciens peuples avoient quelques notions de la chymie : l'art de travailler les métaux, qui remonte à l'antiquité la plus reculée, l'éclat que les Phéniciens donnoient à certaines couleurs, le luxe de Tyr, les fabriques nombreuses que renfermoit dans ses murs cette ville opulente, tout annonce de la perfection dans les arts, et suppose des connoissances assez étendues et assez variées sur la chymie. Mais les principes de cette science n'étoient point encore réunis en un corps de doctrine, ils étoient concentrés dans les seuls atteliers où ils venoient de prendre naissance ; la seule observation transmise de bouche en bouche éclairoit et conduisoit l'artiste.

Telle est, sans doute, l'origine de toutes les sciences : elles ne présentent d'abord que des faits isolés; les vérités sont confon-

Tome I.   c

dues avec l'erreur, le temps et le génie peuvent seuls en épurer le mélange ; et le progrès des lumières est toujours le fruit tardif d'une expérience lente et pénible. Il est difficile de marquer l'époque précise de l'origine de la science chymique ; mais nous trouvons des traces de son existence dans les siècles les plus reculés. Nous voyons les premiers peuples, à peine sortis de la nuit des temps, s'entourer de tous les arts qui fournissent à leurs besoins ; et nous pourrions comparer la chymie à ce fleuve fameux dont les eaux fertilisent toutes les terres qu'elles inondent, mais dont les sources nous sont encore inconnues.

L'Egypte, qui paroît avoir été le berceau de la chymie réduite en principes, ne tarda pas à tourner les applications de cette science vers un but chimérique : les premiers germes de la chymie furent étouffés par la passion de faire de l'or : on vit, en un moment, tous les travaux dirigés vers la seule alchymie : on ne parut plus occupé qu'à interpréter des fables, des allusions, des hiéroglyphes, &c. et les travaux de plusieurs siècles furent consacrés à la recherche de la *pierre philosophale*. Mais, en convenant que les alchymistes ont suspendu les progrès de la chymie, nous sommes bien éloignés d'outrager la mémoire de ces philosophes, et nous leur accordons le tribut d'estime qu'ils méritent à tant de titres : la pureté de leurs sentimens, la simplicité de leurs mœurs, leur soumission à la Providence, leur amour pour le Créateur, pénètrent de vénération tous ceux qui lisent leurs ouvrages. Les vues profondes du génie sont par-tout dans leurs écrits à côté des idées les plus extravagantes : les vérités les plus sublimes y sont dégradées par les applications les plus ridicules. Ce contraste étonnant de superstition et de philosophie, de lumière et d'obscurité, nous force de les admirer lors même que nous ne pouvons pas nous dispenser de les plaindre. Il ne faut pas confondre la secte des alchymistes, dont nous parlons en ce moment, avec cette foule d'imposteurs et cet amas sordide de *souffleurs*, qui cherchent des dupes, et nourrissent l'ambition de certains imbécilles par l'espoir trompeur d'augmenter leurs richesses : cette dernière classe d'hommes vils et ignorans n'a jamais été reconnue par les vrais alchymistes ; ils ne méritent pas plus ce nom, que celui qui vend des spécifiques sur des tréteaux ne mérite le titre honorable de médecin.

L'espoir de l'alchymiste peut être peu fondé : mais le grand homme, lors même qu'il poursuit un but chimérique, sait profiter des phénomènes qui se présentent, et retire de ses travaux des vérités utiles qui auroient échappé à des hommes ordinaires : c'est ainsi que les alchymistes ont enrichi successivement la pharmarcie et les arts de presque toutes leurs compositions.

La fureur de s'enrichir a été, de tout temps, une passion si générale, qu'elle a pu décider plusieurs personnes à cultiver une science qui, ayant plus de rapport qu'aucune autre avec les métaux, en étudie plus particulièrement la nature, et paroît faciliter les moyens de les composer : on sait que les Abdéritains ne commencèrent à regarder les sciences comme une occupation digne d'un homme raisonnable, qu'après avoir vu un philosophe célèbre s'enrichir par des spéculations de commerce ; je ne doute point que le désir de faire de l'or, n'ait décidé la vocation de plusieurs chymistes.

Nous devons donc à l'alchymie quelques vérités et quelques chymistes : mais c'est peu, en comparaison de ce que plusieurs siècles auroient pu nous fournir de connoissances utiles, si, au lieu de chercher à former les métaux, on s'étoit borné à les analyser, à simplifier les

c 3

moyens de les extraire, de les combiner, de les travailler, et d'en multiplier et rectifier les usages.

A la fureur de faire de l'or, a succédé l'espoir si séduisant de prolonger ses jours par le moyen de la chymie : on s'est persuadé aisément qu'une science qui fournissoit des remèdes à tous les maux, pourroit parvenir sans effort à la *médecine universelle.* Ce qu'on racontoit de la longue vie des anciens paroissoit un effet naturel de leurs connoissances en chymie ; les fables nombreuses de l'antiquité obtenoient la faveur des faits avérés ; et les alchymistes, après s'être épuisés dans la recherche de la pierre philosophale, parurent ranimer leurs efforts pour parvenir à un but plus chimérique encore. Alors prirent naissance les *élixirs de longue vie,* les *arcanes,* les *polichrestes* et toutes les préparations monstrueuses, dont quelques-unes sont parvenues jusqu'à nous.

La chimère de la médecine universelle

agitoit presque toutes les têtes dans le sei-
zième siècle, et on promettoit l'immortalité avec la même effronterie qu'un baladin
annonce son remède à tous maux. Le peuple se laisse aisément séduire par ces folles
promesses ; mais l'homme instruit ne crut
jamais que le chymiste pût parvenir à ren-
verser cette loi générale de la nature, qui
condamne tous les êtres vivans à se renouveller, et à entretenir une circulation fondée sur des décompositions et des généra-
rations successives. On accabla peu à peu
cette secte de mépris : l'enthousiaste *Para-*
celse qui, après s'être flatté de l'immortalité, mourut, à quarante-huit ans, dans un
cabaret de Saltzbourg, mit le comble à
son ignominie. Dès ce moment les partisans dispersés de cette secte se réunirent
pour ne plus se donner en spectacle ; la
lumière qui commençoit à percer de toutes
parts, leur fit un besoin du secret et de
l'obscurité. C'est ainsi que s'épura la chymie.

Jacques Barner., Bohnius, Tachenius,

Kunckel, Boyle, Crollius, Glazer, Glau-
ber, Schroder, &c. parurent sur les ruines
de ces deux sectes, pour fouiller dans ce
tas de décombres, et séparer de cet amas
confus de phénomènes, de vérités et d'erreurs, tout ce qui pouvoit éclairer la
science. La secte des Adeptes, réchauffée
par la manie de l'immortalité, avoit fait
connoître beaucoup de remèdes ; la pharmacie et les arts s'enrichirent alors de
formules et de compositions dont il ne
fallut que rectifier l'opération et mieux
raisonner les applications.

Le célèbre *Becher* parut à-peu-près
dans le même temps : il retira la chymie
du cercle trop étroit de la pharmacie ; il
montra ses liaisons avec tous les phénomènes de la nature. La théorie des météores, la formation des métaux, les phénomènes de la fermentation, les loix de la
putréfaction, tout fut embrassé et développé par ce génie supérieur.

La chymie fut alors ramenée à son véritable but. *Sthal* qui succéda à *Becher*, rappela à quelques principes généraux tous les faits dont son prédécesseur avoit enrichi la science; il parla un langage moins énigmatique, classa tous les faits avec ordre et méthode, et purgea cette science de cette rouille alchymique dont *Becher* lui-même l'avoit si fort infectée. Mais si on considère ce qui est dû à *Sthal*, et ce qu'on a ajouté à sa doctrine jusqu'au milieu de ce siècle, on ne peut qu'être étonné du peu de progrès qu'a fait la chymie après lui. En consultant les travaux des chymistes qui ont paru après *Sthal*, nous les voyons presque tous enchaînés sur les pas de ce grand homme, souscrire aveuglément à toutes ses idées : la liberté de penser paroît ne plus exister pour eux : lorsqu'une expérience bien faite laisse échapper quelque trait de lumière peu favorable à cette doctrine, on les voit se tourmenter d'une manière ridicule pour donner une interprétation illusoire : c'est ainsi que l'accrétion en pesanteur qu'ac-

quièrent les métaux par la calcination,
quoique peu favorable à l'idée de la soustraction d'un principe sans aucune addition, n'a pas pu ébranler leur manière
de voir.

L'opinion presque religieuse qui asser-
vissoit tous les chymistes à *Sthal*, a nui
sans doute aux progrès de la chymie : mais
la fureur de réduire tout en principes, et
d'établir une théorie sur des expériences
incomplètes ou sur des faits mal vus, ne
lui a pas présenté de moindres obstacles.
Du moment que l'analyse eut fait connoître quelques principes des corps, on se
crut en possession des premiers agens de
la nature : on se crut autorisé à regarder
comme élémens ce qui ne parut plus susceptible d'être décomposé. Les acides et
les alkalis jouèrent le premier rôle. On
parut oublier que le terme où s'arrête
l'artiste n'est point celui du Créateur ; et
que le dernier résultat de l'analyse marque
à la vérité les bornes de l'art, mais ne
fixe point celles de la nature.

On pourroit encore reprocher à quelques chymistes d'avoir trop négligé les opérations de la nature vivante : ils se sont concentrés dans leurs laboratoires, n'ont étudié les corps que dans leur état de mort, et n'ont pu acquérir que des connoissances très-incomplètes ; car celui qui, dans ses recherches, n'a d'autre but que de connoître les principes d'une substance, est comme le médecin qui croiroit prendre une idée complète du corps humain, en bornant ses études à celle du cadavre. Mais nous observerons que, pour bien étudier les phénomènes des corps vivans, il falloit avoir les moyens de se saisir des principes gazeux qui s'échappent, et d'analyser les substances volatiles et invisibles qui se combinent : or, ce travail étoit alors impossible ; et gardons-nous d'imputer aux hommes ce qui ne doit être rapporté qu'au temps où ils ont vécu.

Ce seroit peut-être le cas de se deman-

der pourquoi la chymie a été plutôt connue et plus généralement cultivée en Alle-
magne et dans le Nord que chez nous. Je
crois qu'on pourroit en donner plusieurs
raisons : la première , c'est que les Elèves
de *Sthal* et de *Becher* y ont dû être plus
nombreux , et conséquemment l'instruction plus répandue : la seconde , c'est
que l'exploitation des mines , devenue une
ressource nécessaire aux gouvernemens
du Nord , y a été singulièrement encoura-
gée, et que la chymie qui éclaire la minéralogie , a dû nécessairement participer
à ces encouragemens.

Ce n'est que vers la fin du dernier siècle
qu'on a commencé parmi nous à cultiver la chymie avec avantage : les longues agitations du règne de Louis XIV
étoient peu favorables à l'étude paisible
de la nature. Le naturaliste qui , dans ses
recherches , ne voit par-tout qu'union et
harmonie , ne sauroit être témoin indifférent de ces scènes continuelles de désor-

dre et de destruction ; son génie s'éteint au milieu des troubles et des agitations. L'ame de *Colbert*, profondément pénétrée de ces vérités, essaya bientôt de tempérer les feux de la discorde, en rappelant les esprits vers les seuls objets qui pouvoient assurer le calme et la prospérité de l'Etat : il s'occupa de faire fleurir le commerce ; il établit des fabriques ; les savans furent appelés de toutes parts, encouragés et réunis pour concourir à ses projets. Alors l'ardeur de tout connoître remplaça, pour quelque temps, la fureur de tout envahir : la France le disputa bientôt à toutes les nations, par les progrès rapides des sciences et la perfection des arts. On vit paroître, presque à la fois, les *Lemery*, les *Homberg*, les *Geoffroy* ; et les autres nations ne furent plus en droit de nous reprocher que nous n'avions pas de Chymistes. Dès ce moment, l'existence des arts parut plus assurée : toutes les sciences qui leur fournissent des principes furent cultivées avec le plus grand succès ; et l'on

croira à peine que , dans quelques années , les arts aient été tirés du néant , et
portés à un tel point de perfection , que
la France qui , jusques-là , avoit tout reçu
de l'étranger , eut la gloire de fournir à
ses voisins des modèles et des marchan-
dises.

Cependant la chymie et l'histoire naturelle n'étoient encore cultivées que par un
très-petit nombre de personnes au commencement de ce siècle ; et l'on croyoit
alors que leur étude devoit être concen-
trée dans les seules académies. Mais deux
hommes, à jamais célèbres, en ont rendu
le goût général dans ces derniers temps :
l'un , animé de cette noble fierté qui ne
connoît point le pouvoir des préjugés ,
de cette ardeur infatigable qui surmonte
si aisément les obstacles qui se présentent,
de cette franchise qui inspire de la confiance , fit passer dans le cœur de ses
élèves l'enthousiasme dont il étoit pénétré.
Dans le temps que *Rouelle* éclairoit la

chymie, *Buffon* préparoit dans l'histoire naturelle une révolution encore plus étonnante : les naturalistes du Nord n'étoient parvenus qu'à se faire lire par un petit nombre de savans ; les ouvrages du naturaliste François furent bientôt, comme ceux de la nature, entre les mains de tout le monde. Il sut répandre dans ses écrits ce vif intérêt, ce coloris enchanteur et cette touche délicate et vigoureuse, qui préviennent, attachent et subjuguent : la profondeur du raisonnement s'allie partout à ce que l'imagination la plus brillante peut offrir d'agrémens et d'illusions ; le feu sacré du génie anime toutes ses productions ; ses systêmes présentent toujours les vues les plus sublimes dans leur ensemble, et l'accord le plus parfait dans les détails. Alors même qu'il n'offre que des hypothèses, on aime à se persuader qu'il dit des vérités. Le lecteur devient semblable à cet homme qui, après avoir admiré une belle statue, fait des efforts pour se persuader qu'elle respire, et écarte tout ce qui peut dissiper son illusion ; on reprend l'ouvrage avec plaisir , comme celui qui se replonge dans le sommeil pour prolonger les erreurs d'un songe agréable.

Ces deux hommes célèbres , en répandant le goût de la chymie et de l'histoire naturelle , en faisant mieux connoître leurs rapports et leurs usages , leur concilièrent la faveur du gouvernement ; et , dès ce moment , tout le monde s'intéressa aux progrès de ces deux sciences. Les personnes qualifiées s'empressèrent de concourir à la révolution qui se préparoit. Des hommes distingués par leur naissance s'honorèrent d'un nouveau genre de gloire qui n'est plus l'effet du hasard ou des préjugés. Ils enrichirent la chymie de leurs découvertes , associèrent leurs noms à ceux de tous les savans qui couroient cette même carrière , ranimèrent dans l'ame du chymiste cet amour de la gloire et cette ardeur du bien public qui suscitent

suscitent toujours de nouveaux efforts ; l'homme ambitieux et intrigant n'étouffa plus l'homme de génie modeste et timide ; le crédit des hommes en place servit d'é-gide et de soutien contre la calomnie et la persécution ; on assigna des récom-penses au mérite ; des savans furent en-voyés dans toutes les parties du monde pour en étudier l'industrie et nous en rap-porter les productions ; des hommes du pre-mier mérite furent invités à nous éclairer sur nos propres richesses ; des établisse-mens de chymie, formés dans les princi-pales villes de la France, répandirent le goût de cette science, et fixèrent parmi nous les arts, que vainement on auroit prétendu naturaliser, si on ne leur avoit donné une base stable. Les professeurs établis à Paris et dans les Départemens, firent parvenir au Peuple des vérités utiles. Ils brisent et modifient, pour ainsi dire, les rayons de lumière, et les dirigent vers les atteliers pour y éclairer la pra-tique.

Tome I.

d

Les sciences contemplatives ne demandent au Gouvernement que repos et liberté: les sciences expérimentales exigent plus, elles veulent des secours et des encouragemens. Eh! que pouvoit-on espérer de ces siècles de barbarie, où le chymiste osoit à peine avouer le genre d'occupation dont il faisoit en secret ses délices? Le titre de chymiste étoit presque un opprobre; et le préjugé qui le confondoit avec ces souffleurs éternels qui ne méritoient de sa part que pitié, a retardé peut-être de plusieurs siècles la renaissance des arts, puisque la chymie devoit leur servir de base. Si les Gouvernemens, amis des arts et jaloux d'une gloire pure et durable, avoient eu soin d'honorer les savans, de recueillir précieusement leurs travaux, et de nous transmettre sans altération les annales précieuses du génie des hommes, nous serions dispensés de fouiller dans les premiers temps pour aller consulter quelques débris échappés au naufrage; et nous nous épargnerions le regret de

convenir, après bien des travaux inutiles, qu'il ne nous reste des chefs-d'œuvre de l'antiquité qu'une idée de la supériorité où l'on étoit parvenu. Le temps,
le fer, le feu, les préjugés ont tout dé-
voré; et nos recherches ne font qu'ajouter nos regrets aux pertes qui ont été
faites.

La chymie moderne doit une partie de
ses succès à une classe d'hommes chez qui
l'habitude d'une étude profonde des sciences exactes a fait une nécessité de n'admettre que ce qui est démontré, et de ne
s'attacher qu'à ce qui est susceptible de
l'être. *Lagrange*, *Condorcet*, *Vandermonde*, *Monges*, *Laplace*, *Meusnier*,
Cousin, les plus célèbres mathématiciens
de l'Europe, se sont intéressés tous aux
progrès de cette science, et l'ont enrichie
de leurs découvertes.

Tant d'instructions, tant d'encouragemens ne pouvoient qu'opérer une révolu-

tion dans la science elle-même. Nous devons aux efforts combinés de tous ces savans, la découverte de plusieurs métaux, la création de quelques arts utiles, la connoissance de plusieurs procédés avantageux, l'exploitation de plusieurs mines, l'analyse des gaz, la décomposition de l'eau, la théorie du calorique, la doctrine de la combustion, et des connoissances si positives et si étendues sur tous les phénomènes de l'art et de la nature, qu'en très-peu de temps la chymie est devenue une science toute nouvelle. On pourroit dire aujourd'hui, avec bien plus de fondement, ce que le célèbre *Bacon* disoit de la chymie de son temps : « Il » est sorti des fourneaux des chymistes » une nouvelle philosophie, qui a con- » fondu tous les raisonnemens de l'an- » cienne ».

Mais les découvertes se multipliant à l'infini dans la chymie, on a bientôt senti la nécessité de remédier à la confusion qui régnoit depuis si long-temps dans la langue de cette science. Il y a un rapport si intime entre les mots et les faits, que la révolution qui s'opère dans les principes d'une science, doit en entraîner une pareille dans la langue de cette même science. Il n'est pas plus possible de conserver une nomenclature vicieuse dans une science qui s'éclaire, s'étend et se simplifie, que de polir, civiliser et instruire des hommes grossiers, sans rien changer à leur langue naturelle. Chaque chymiste qui écrivoit sur une matière, se pénétroit de l'inexactitude des mots reçus jusqu'à lui : il se croyoit autorisé à introduire quelque changement, et on rendoit insensiblement la langue chymique plus longue, plus pénible et plus confuse : c'est ainsi que l'acide carbonique a été connu, en quelques années, sous les noms d'*air fixe*, d'*acide aérien*, d'*acide méphytique*, d'*acide craïeux*, &c ; et nos neveux disputeront un jour pour savoir si ces diverses dénominations n'ont pas désigné différentes substan-

ces. Le temps étoit donc arrivé où il falloit
nécessairement réformer la langue de la
chymie ; les vices de l'ancienne nomenclature et la découverte de beaucoup de substances rendoient cette révolution indispensable. Mais il étoit nécessaire de soustraire
cette révolution au caprice et à la fantaisie
de quelques particuliers : il étoit nécessaire
d'établir cette nouvelle langue sur des
principes invariables. Le seul moyen de
remplir ce but étoit sans doute d'ériger
un tribunal, où des chymistes d'un mérite
reconnu discutassent sans préjugé ; où les
principes d'une nouvelle nomenclature
fussent établis et épurés par la logique la
plus sévère ; et où l'on identifiât si bien
la langue avec la science, le mot avec le
fait, que la connoissance de l'un condui-
sît à la connoissance de l'autre : c'est ce
qui a été exécuté, en 1788, par *Mor-*
veau, *Lavoisier*, *Berthollet* et *Four-*
croy.

Pour établir un système de nomenclature, on doit considérer les corps sous deux points de vue différens, et les distribuer en deux classes : celle des substances simples ou réputées élémentaires, et celle des substances composées.

1°. Les dénominations les plus naturelles et les plus convenables qu'on puisse assigner aux substances simples, doivent être déduites d'une propriété principale et caractéristique de la substance qu'on veut désigner : on peut encore les distinguer par des mots qui ne présentent aucune idée précise à l'esprit. La plupart des noms reçus sont établis sur ce dernier principe ; tels sont ceux de *soufre*, de *phosphore*, qui, ne portant dans notre langue aucune signification, ne réveillent en nous des idées déterminées, que parce que l'usage les a appliqués à des substances connues. Ces mots consacrés par l'usage doivent être conservés dans une nouvelle nomenclature ; on ne doit se permettre de chan-

gement que lorsqu'il est question de rectifier des dénominations vicieuses. Dans
ce dernier cas , les auteurs de la nouvelle
Nomenclature ont cru devoir tirer la dénomination de la principale propriété caractéristique de la substance : ainsi on a pu
appeller l'air pur, *air vital*, *air du feu*, *gaz
oxigène*, parce qu'il est la base des acides,
et l'aliment de la respiration et de la combustion. Mais il me paroît qu'on s'est un
peu écarté de ce principe , lorsqu'on a
donné le nom de *gaz azote* à la mofette
atmosphérique. 1°. Aucune des substances
gazeuses connues, à l'exception de l'air
vital , n'étant propre à la respiration , le
mot *azote* convient à toutes, excepté à une ;
par conséquent, cette dénomination n'est
point fondée sur une propriété exclusive,
distinctive et caractéristique de ce gaz.
2°. Cette dénomination étant une fois in-
troduite , on auroit dû appeler l'acide nitrique acide *azotique*, et ses combinaisons
azotates , puisqu'on a affecté de désigner
les acides par le nom qui appartient au

radical. 3°. Si la dénomination de *gaz azote*
ne convient point à cette substance aériforme, celle d'*azote* convient encore moins
à cette substance concrète ou fixée ; car,
dans cet état, tous les gaz sont essentiellement des *azotes*. Il me paroît donc que
la dénomination *gaz azote* n'est point établie d'après les principes qu'on a adoptés,
et que les noms donnés aux diverses substances dont ce gaz forme un des élémens
s'éloignent également des principes de la
nomenclature. Pour corriger la nomenclature sur ce point, il n'est question que de
substituer à ce mot une dénomination qui
dérive du systême général qu'on a suivi,
et je me permettrai de proposer celle de
gaz nitrogène : elle est déduite d'une propriété caractéristique et exclusive de ce
gaz qui forme le radical de l'acide nitrique ; et, par ce moyen, nous conservons
aux combinaisons de cette substance les
dénominations reçues, telles que celles
d'*acide nitrique*, de *nitrates*, de *nitrites*, &c.
Ainsi ce mot, qui nous est fourni par les

principes adoptés par les célèbres auteurs de la Nomenclature, fait rentrer toutes choses dans l'ordre qu'on s'est proposé d'établir.

2°. La méthode qu'on a adoptée pour déterminer les dénominations qui conviennent aux substances composées, me paroît simple et rigoureuse. On a cru que la langue de cette partie de la science devoit en présenter l'analyse, que les mots n'étoient que l'expression des faits ; et que, par conséquent, la dénomination appliquée par un chymiste à une substance analysée, doit nous en faire connoître les principes constituans : en suivant cette méthode, on unit et on identifie, pour ainsi dire, la nomenclature avec la science, le fait avec le mot : on réunit deux choses qui jusqu'ici n'avoient paru avoir aucun rapport entre elles, le mot et la substance qu'il représente ; et, par ce moyen, on simplifie l'étude de la chymie. Mais, en faisant l'application de ces principes incontestables aux divers objets que la chymie nous pré-

sente, nous devons suivre pas à pas l'analyse, et établir, d'après elle seule, les
dénominations générales et individuelles.
Nous pouvons observer que c'est d'après
cette méthode analytique que les diverses
dénominations ont été assignées, et que
les distributions méthodiques de l'histoire
naturelle se sont opérées dans tous les
temps. Si l'homme ouvroit les yeux, pour
la première fois, sur les divers êtres qui
peuplent ou composent ce globe, il éta-
bliroit leurs rapports sur la comparaison
des propriétés les plus saillantes, et fon-
deroit sans doute ses premières divisions
sur les différences les plus sensibles : la
diverse manière d'être des corps, ou leurs
divers degrés de consistance, formeroient
sa première distribution en corps Solides,
Liquides, Aériformes. Un examen plus ré-
fléchi et l'analyse plus suivie des individus, lui feroient bientôt connoître que ces
substances, que quelques rapports généraux avoient réunies dans la même classe,
et asservies à une dénomination généri-

que, différoient essentiellement entre elles,
et que ces différences nécessitoient des sub-
divisions : de-là, la subdivision des corps
solides en Pierres, Métaux, Substances,
Végétales, Animales, &c. et celle des
liquides, en Eau, Air vital, Air inflammable, Air méphytique, &c. En poussant plus
loin les recherches sur la nature de ces diverses substances, on a dû s'appercevoir
que presque tous les individus étoient formés par la réunion de principes simples ;
et c'est ici où commencent les applications
du systême qu'on doit suivre pour assigner
à chaque substance composée une dénomination qui lui convienne : pour remplir
ce but, les auteurs de la nouvelle Nomenclature ont tâché de présenter des dénominations qui désignassent et fissent connoître les principes constituans. Ce beau plan
a été rempli pour ce qui regarde les substances qui ne sont pas très-compliquées,
telles que les combinaisons de deux principes entre eux, celles des acides avec les
terres, les métaux, les alkalis, &c. Cette

partie de la Nomenclature ne me paroît rien laisser à désirer : on peut en voir le développement dans l'ouvrage publié à ce sujet par les auteurs, et dans le Traité élémentaire de Chymie de *Lavoisier*. Je ne me permettrai que de présenter une idée de la méthode qu'on a suivie, en prenant pour exemple les combinaisons des acides qui forment la classe de composés la plus nombreuse.

On a d'abord commencé par comprendre sous une dénomination générale la combinaison d'un acide avec une base quelconque : mais, pour observer un ordre plus rigoureux et soulager en même temps la mémoire, on a donné la même terminaison à tous les mots qui désignent une pareille combinaison : de-là, les mots *sulfates*, *nitrates*, *muriates*, pour désigner les combinaisons des acides Sulfurique, Nitrique, Muriatique. On fait connoître l'espèce de combinaison en ajoutant au mot générique celui du corps qui est combiné avec l'acide :

ainsi *sulfate de potasse* exprime la combinaison de l'acide sulfurique avec la potasse.

Les modifications de ces mêmes acides,
dépendantes des proportions de leurs principes constituans, forment des sels différens de ceux dont nous venons de parler;
et les auteurs de la nouvelle Nomenclature ont exprimé les modifications des acides par la terminaison du mot générique.
La différence dans les acides est presque
toujours établie sur ce que l'oxigène y est
en plus ou en moins : dans le premier cas,
l'acide prend l'épithète *oxigéné*; de-là,
*acide muriatique oxigéné, acide sulfurique
oxigéné*, &c. Dans le second cas, la
terminaison du mot qui désigne l'acide
est en *eux : acide sulfureux, acide nitreux*, &c. Les combinaisons de ces derniers forment des *sulfites*, des *nitrites*, &c.
Les combinaisons des premiers forment
des *muriates oxigénés*, des *sulfates oxigénés*, &c.

Les combinaisons des divers corps qui composent ce globe ne sont pas toutes aussi simples que celles dont nous venons de parler : et on sent déjà combien les dénominations seroient longues et pénibles, si on aspiroit à faire connoître dans une seule les principes constituans d'un composé formé par l'union de cinq à six élémens : on a préféré d'employer dans ce cas le mot reçu, et on ne s'est permis d'autres changemens que ceux qui ont été nécessités pour substituer des mots convenables à des dénominations qui présentoient des idées contraires à la nature des objets qu'elles désignent.

J'adopte cette nomenclature dans mes leçons et dans mes écrits ; et je n'ai pas tardé à m'appercevoir combien elle étoit avantageuse à l'enseignement, combien elle soulageoit la mémoire, combien elle excitoit le goût de la chymie ; et avec quelle facilité et quelle précision les idées et les principes , concernant la composition et la nature des corps, se gravent dans l'esprit des auditeurs. Mais j'ai eu soin de présenter dans cet ouvrage les termes techniques usités dans les arts ou reçus dans la société à côté des nouvelles dénominations. Je pense que, comme il est impossible de changer le langage de l'ouvrier - peuple, il faut aller jüsqu'à lui, et par ce moyen l'associer à nos découvertes. Nous voyons, par exemple, que l'artiste ne connoît l'acide sulfurique que sous le nom d'*huile de vitriol*, quoique la dénomination d'acide vitriolique ait été le langage des chymistes pendant un siècle : n'espérons pas d'être plus heureux que nos prédécesseurs ; et, bien loin de nous isoler, multiplions nos rapports avec l'artiste ; bien loin d'aspirer à l'asservir à notre langue, inspirons-lui de la confiance en apprenant la sienne. Prouvons à l'artiste que nos rapports avec lui sont plus étendus qu'il ne l'imagine ; et, par ce rapprochement, établissons une confiance réciproque et un concours de lumières

lumières qui ne peuvent que tourner au profit des arts et de la chymie.

Après avoir expliqué les principaux obstacles qui ont retardé les progrès de la chymie, et développé les causes qui, de nos jours, en ont assuré les progrès, nous tâcherons de faire connoître les principales applications de cette science : nous croyons y parvenir, en jettant un coup-d'œil général sur les arts et les sciences qui en reçoivent quelque principe.

Presque tous les arts doivent leur naissance au hasard : ils ne sont, en général, ni le fruit des recherches, ni le résultat des combinaisons. Mais tous ont un rapport plus ou moins marqué avec la chymie : elle peut en éclairer les principes, réformer les abus, simplifier les moyens, et hâter leurs progrès.

La chymie est à la plupart des arts ce

Tome I. e

que les mathématiques sont aux diverses parties qu'elles éclairent de leurs principes : il est sans doute possible qu'on exécute des ouvrages de mécanique sans être mathématicien , comme il est possible qu'on fasse une belle écarlate sans être chymiste; mais les opérations du mécanicien et du teinturier n'en sont pas moins fondées sur des principes invariables, dont la connoissance seroit infiniment utile à l'artiste.

On ne parle dans les atteliers que des *caprices des opérations :* il me paroît que ce terme vague a pris naissance dans l'ignorance où sont les ouvriers des vrais principes de leur art : car la nature n'agit point elle-même avec détermination et discernement , elle obéit à des loix constantes : les matières mortes que nous employons dans nos atteliers , présentent des effets nécessaires où la volonté n'a aucune part, et où par conséquent il ne sauroit y avoir de Caprices. *Connoissez mieux vos matières premières*, pourroit-on dire aux artisans ; *étudiez mieux les principes de votre art, et vous pourrez tout prévoir, tout prédire et tout calculer : c'est votre seule ignorance qui fait de vos opérations un tâtonnement continuel et une décourageante alternative de succès et de revers.*

Le public qui crie sans cesse qu'*expérience passe science*, nourrit et accrédite cette ignorance ; il n'est donc pas hors de propos d'apprécier la valeur de ces termes. Il est très-vrai, par exemple, qu'un homme qui a une très-longue expérience peut exécuter ses opérations avec exactitude : mais il est toujours borné à la simple manipulation ; et je le compare à un aveugle qui connoît un chemin et peut le parcourir avec aisance, peut-être même avec la hardiesse et l'assurance d'un homme qui y voit bien ; mais il est hors d'état d'éviter les obstacles fortuits, hors d'état d'abréger son chemin et de simplifier sa

e 2

route , hors d'état de se faire des principes qu'il puisse transmettre : voilà l'artiste réduit par la seule expérience, quelque longue qu'on la suppose , à la qualité
de manipulateur. On a vu , me dira-t-on ,
des artistes faire par un travail assidu des
découvertes très – importantes : cela est
vrai ; mais ces exemples sont rares ; et ,
de ce qu'on a vu pareillement des hommes
de génie , sans aucune théorie de mathématiques , exécuter des ouvrages merveilleux de mécanique, conclura–t-on que les
mathématiques ne font pas la base de la
mécanique, et qu'on peut aspirer à devenir
grand mécanicien sans une étude profonde des mathématiques ?

Il paroît aujourd'hui assez généralement
reconnu , que la chymie est la base des
arts. Mais l'artiste ne retirera de la chymie tout le parti qu'on est en droit d'en
attendre, que lorsqu'on aura rompu cette
puissante barrière que la méfiance, l'a-
mour-propre et les préjugés ont élevée

entre le chymiste et lui. Le chymiste qui a essayé de la franchir a été souvent repoussé comme un innovateur dangereux; le préjugé qui règne en despote dans les atteliers, n'a seulement pas permis de penser qu'on pût faire mieux.

Il est facile de nous pénétrer des avantages que les arts peuvent retirer de la chymie, en jettant un coup-d'œil sur ses applications à chacun d'eux en particulier.

1°. Il paroît par les écrits de *Columelle*, que les anciens avoient des connoissances assez étendues sur l'agriculture ; elle étoit regardée alors comme la première et la plus noble occupation de l'homme : mais, une fois que les objets de luxe ont prévalu sur les objets de première nécessité, on a abandonné la culture des terres à la pure routine, et le premier des arts a été dégradé par les préjugés.

L'agriculture a plus de rapports avec

la chymie qu'on ne le croit ordinairement : tout homme est, sans doute, en
état de faire porter du bled à une terre ;
mais combien ne faut-il pas de connoissances pour lui en faire produire le plus
qu'il est possible ? Il ne suffit pas, pour
cela, de diviser, de labourer et de fumer
une terre, on a besoin encore d'un mélange
de principes terreux si bien assorti, qu'il
puisse fournir une nourriture convenable,
permettre aux racines de pouvoir s'étendre
au loin pour pomper le suc nourricier,
donner à la tige une base fixe, recevoir,
retenir et fournir au besoin le principe
aqueux sans lequel rien ne végète. Il est
donc essentiel de connoître la nature de
la terre, l'avidité qu'elle a de se saisir de
l'eau, la force avec laquelle elle la retient, &c. Ce sont là des études qui fournissent des principes que la seule pratique ne présente que tard et imparfaitement.

Chaque germe demande une terre particulière : le seigle végète librement dans les débris arides du granit ; le froment, dans la terre marneuse, &c. Et comment pourra-t-on naturaliser des productions étrangères, si on n'a pas assez de connoissances pour leur fournir une terre analogue à celle qui leur est naturelle ?

Les maladies des bleds et des fourrages, la destruction des insectes qui les dévorent, sont du ressort de l'histoire naturelle et de la chymie. Nous avons vu, de nos jours, l'art si essentiel de la Mouture, celui de la conservation des grains, et tous les détails qui intéressent la Boulangerie, portés par les travaux de quelques chymistes à un degré de perfection auquel il paroissoit difficile de parvenir.

L'art de disposer convenablement les étables, la connoissance et le choix d'une eau convenable pour la boisson des animaux domestiques ; des procédés écono-

miques pour préparer et mélanger leur
nourriture ; le talent si rare de fournir un
engrais analogue à la nature du terrain ;
les notions nécessaires pour éviter ou
pour combattre les épizooties ; tout cela
est du ressort de la chymie : sans son secours, notre marche seroit pénible, lente
et incertaine.

Nous pouvons aujourd'hui faire connoître la nécessité de la chymie dans les
diverses branches de l'agriculture, avec
d'autant plus de raison, que le Gouvernement ne cesse d'encourager ce premier
des arts par des récompenses, des distinctions et des établissemens ; et c'est entrer
dans ses vues que de lui fournir des
moyens pour le faire prospérer. Nous
voyons avec la plus grande satisfaction
que, par le plus heureux retour, on commence à regarder l'agriculture comme la
source la plus pure, la plus féconde et la
plus naturelle de nos richesses. Les préjugés ne pèsent plus sur l'agriculteur ; le

mépris et la servitude ne sont plus l'apanage réservé à ses pénibles travaux ; l'homme le plus utile et le plus vertueux , est
aussi l'homme le plus considéré, et il est
enfin permis au cultivateur de lever au
ciel des mains libres pour le remercier de
cette heureuse révolution.

2°. L'exploitation des mines est encore
fondée sur les principes de la chymie : elle
seule indique et dirige cette suite de travaux qu'on fait sur un métal depuis le
moment de son extraction jusqu'à ce qu'il
est employé.

Avant que l'analyse s'occupât de la nature des pierres , ces substances étoient
toutes désignées d'après des caractères su-
perficiels : la couleur, la dureté, le volume,
la pesanteur, la forme, la propriété d'é-
tinceler sous le briquet, avoient fait des
classes où tout étoit confondu : mais les
travaux successifs de *Pott, Margraaf,*
Bergmann, Scheele, Bayen, Dietrick,

Kirwan, Lavoisier, Morveau, Darcet, Achard, Sage, Berthollet, Gerhard, Erhmann, Fourcroy, Mongez, Klaproth, Crell, Pelletier, la Metherie, Saussure, &c. en nous instruisant sur les principes constituans de toutes les pierres connues, ont mis chaque substance à sa place, et ont porté sur cette partie la même précision que celle que nous avions sur les sels neutres.

L'histoire naturelle du règne minéral, sans le secours de la chymie, est une langue composée de quelques mots, dont la connoissance a mérité le nom de *minéralogistes* à beaucoup de personnes. Les mots *pierre calcaire, granit, spath, schorl, feld-spath, schistes, mica,* &c. composent eux seuls le Dictionnaire de plusieurs amateurs d'histoire naturelle : mais la disposition de ces substances dans l'intérieur de la terre, leur position respective dans la composition du globe, leur formation et leur décomposition successives, leurs usages dans les arts, la connoissance de leurs principes constituans, forment une science qu'il n'appartient qu'au chymiste de bien connoître et d'approfondir.

Il est donc nécessaire d'éclairer la minéralogie par l'étude de la chymie. Nous observerons que depuis que ces deux parties ont été réunies, on a simplifié les travaux de l'exploitation, on a appris à travailler les métaux avec plus d'intelligence, on a même découvert plusieurs substances métalliques. Des particuliers ont fait ouvrir des mines dans les départemens ; et on s'est familiarisé avec un genre de travail qui nous paroissoit étranger, et peu compatible avec notre sol et notre caractère. L'acier et les autres métaux reçoivent dans nos atteliers ce degré de perfection qui jusqu'ici avoit excité notre admiration et humilié notre amour-propre. Les superbes usines du Creusot et de Romilly n'ont point de modèle dans toute l'Europe. Presque toutes nos fabri-

ques sont alimentées par le charbon de
terre : et ce nouveau combustible est
d'autant plus précieux, qu'il nous donne le
temps de réparer nos forêts épuisées, et
qu'il existe presque par-tout dans des terres arides qui repoussent le soc de la char-
rue et interdisent tout autre genre d'industrie. Ainsi, graces éternelles soient ren-
dues aux célèbres naturalistes *Jars*, *Dietrick*, *Duhamel*, *Monnet*, *Genssane*, &c.
qui, les premiers, nous ont fait connoître
ces véritables richesses ! Le goût de la minéralogie qui s'est répandu de nos jours,
n'a pas peu contribué à opérer cette révolution ; et c'est, en grande partie, à ces
collections d'histoire naturelle, contre
lesquelles on a tant crié, que nous devons
ce goût général. Ces collections sont à
l'histoire ce que sont les cabinets de livres
à la littérature et aux sciences : ce n'est
souvent qu'un objet de luxe pour le propriétaire ; mais, dans ce cas-là même, c'est
une ressource toujours ouverte à l'homme
qui veut voir et s'instruire ; c'est un exem-

plaire des ouvrages de la nature, qu'on peut consulter à chaque moment. Le chymiste, qui parcourt toutes ces productions et les soumet à l'analyse pour en connoître les principes constituans, forme le précieux chaînon qui unit la nature à l'art.

3°. Tandis que la chymie s'occupe de la nature des corps, et qu'elle cherche à en connoître les principes constituans, le physicien en étudie le caractère extérieur, et, pour ainsi dire, la physionomie : il faut donc réunir l'objet du chymiste à celui du physicien, pour avoir une idée complète d'un corps. Qu'est-ce, en effet, que l'air ou le feu sans le secours de la chymie? des fluides plus ou moins compressibles, pesans, élastiques. Quelles sont les connoissances que donne la physique sur la nature des solides? Elle nous apprend à les distinguer l'un de l'autre, à calculer leur pesanteur, à déterminer leur figure, à connoître leurs usages, &c.

Si on jette un coup-d'œil sur ce que la

chymie nous a appris, de nos jours, sur l'air,
l'eau et le feu, on sentira combien les liens
de ces deux sciences ont été resserrés.
Avant cette révolution, la physique se
voyoit réduite à un pur étalage de machines : cette *coquetterie*, en lui donnant
un éclat éphémère, en auroit étouffé les
progrès, si la chymie ne l'avoit rappellée
à sa véritable destination. Le célèbre chancelier *Bacon* comparoit la *magie naturelle*
(Physique expérimentale de son temps)
à un magasin où l'on voit, dans un tas de
jouets d'enfans, quelques meubles riches
et précieux ; on y débite, dit-il, du curieux
pour de l'utile : que faut-il de plus pour
attirer les regards et pour former cette
vogue passagère qui finit par le mépris ?
Philosoph. du chanc. Bacon, chap. 12.

La physique de nos jours ne mériteroit
plus les reproches de ce célèbre philosophe.
Cette science repose sur deux bases également solides : d'une part, elle emprunte
des principes dans les mathématiques ; de

l'autre, elle en puise dans la chymie ; et le physicien existe entre ces deux sciences.

Dans quelques objets, l'étude de la chymie est tellement liée à celle de la physique, qu'elles sont inséparables, comme, par exemple, dans les recherches sur l'air, l'eau, le feu, &c. Elles s'aident avantageusement dans quelques autres : tandis que la chymie dépouille les minéraux des corps étrangers qui leur sont combinés, la physique fournit l'appareil mécanique nécessaire à l'exploitation. La chymie est même inséparable de la physique dans les parties qui en paroissent les plus indépendantes, telles que l'optique, où le physicien ne fera des progrès, qu'autant que le chymiste perfectionnera ses verres.

Les rapports entre ces deux sciences sont si intimes, qu'il est difficile de tirer une ligne de démarcation entre elles. Si nous bornons la physique à la recherche des propriétés externes des corps, nous ne lui donnons pour objet que l'écorce des choses : si nous restreignons le chymiste à la simple analyse, il parviendra, tout au plus, à connoître les principes constituans des corps, et en ignorera les fonctions. Ces distinctions dans une science qui n'a qu'un but, la connoissance complète des corps, ne peuvent plus exister : et il me paroît que nous devons absolument les rejetter dans tous les objets qui ne peuvent être approfondis que par la réunion de la physique et de la chymie.

A l'époque de la renaissance des lettres, il a été avantageux d'isoler, pour ainsi dire, les savans sur la route de la vérité, et d'y multiplier les atteliers (qu'on me permette l'expression) pour hâter le défrichement ; mais aujourd'hui que les divers points sont réunis et que tout est lié, ces séparations, ces divisions doivent être effacées. Nous pouvons nous flatter qu'en réunissant nos efforts, nous ferons des progrès

progrès rapides dans l'étude de la nature. Les météores, et tous les phénomènes dont l'atmosphère est le théâtre, ne peuvent être connus que par cette réunion : la décomposition de l'eau dans l'intérieur de la terre, et sa formation dans le fluide qui nous entoure, nous préparent les plus heureuses et les plus sublimes applications.

4°. Les rapports entre la chymie et la pharmacie sont si intimes, qu'on les a long-temps considérées comme une seule et même science, et la chymie n'a été long-temps cultivée que par des médecins ou des pharmaciens. Il faut convenir que, quoique la chymie actuelle soit bien différente de la pharmacie, qui n'est qu'une application de quelques principes généraux de cette science, ces applications sont si nombreuses, la classe des personnes qui cultivent la pharmacie est en général si instruite, qu'on doit être peu surpris de voir la plupart des pharmaciens

Tome I.

f

s'éclairer dans leur profession par une
étude sérieuse de la chymie, et réunir,
par le plus heureux accord, les connoissances des deux parties.

L'abus qu'on a fait au commencement
de ce siècle des applications de la chymie
à la médecine, a fait méconnoître les rapports naturels et intimes de cette science
avec l'art de guérir. Il eût été, sans doute,
plus prudent de rectifier les applications:
mais on peut malheureusement reprocher
aux médecins d'avoir été toujours extrêmes : ils ont banni, sans restriction,
ce qu'ils avoient adopté sans examen ;
et on les a vus successivement dépouiller
leur art de tous les secours qu'il pouvoit
retirer des sciences accessoires.

Pour bien diriger les applications de
la chymie au corps humain, il faut réunir
des vues saines sur l'économie animale à
des idées exactes de la chymie : il faut
subordonner nos résultats de laboratoire

aux observations physiologiques, tâcher
d'éclairer les uns par les autres, et ne reconnoître d'autre vérité que celle qui n'est
contredite par aucun de ces moyens de
conviction. C'est pour s'être écarté de ces
principes, qu'on a regardé le corps humain
comme un corps mort et passif, et qu'on y
a appliqué les principes rigoureux qui s'ob-
servent dans les opérations du laboratoire.

Dans le minéral, tout est soumis aux loix
invariables des affinités ; aucun principe
interne ne modifie l'action des agens externes : de-là vient que nous pouvons connoître, produire, ou modifier les effets.

Dans le végétal, l'action des agens externes y est également marquée ; mais l'organisation intérieure la modifie, et les
principales fonctions du végétal résultent
de l'action combinée des causes externes
et internes. C'est, sans doute, pour cette

raison que le Créateur a disposé sur la surface de la plante les principaux organes de la végétation, afin que les diverses fonctions reçoivent à la fois l'impression des agens externes et celle du principe interne de l'organisation.

Dans l'animal, les fonctions sont beaucoup moins dépendantes des causes externes; et la nature en a caché les principaux organes dans l'intérieur du corps, comme pour les soustraire à l'influence des puissances étrangères. Mais plus les fonctions d'un individu sont liées à l'organisation, moins la chymie a d'empire sur elles; il convient d'être sobre sur l'application de cette science à tous les phénomènes qui dépendent essentiellement du principe de vie.

Il ne faut pas cependant regarder la chymie comme étrangère à l'étude et à la pratique de la médecine: elle seule peut nous apprendre l'art si difficile et si nécessaire de combiner les remèdes : elle seule peut nous enseigner à les manier avec prudence et fermeté. Sans son secours, le praticien tremblant ne se livre qu'avec peine à l'usage de ces remèdes héroïques, dont le médecin-chymiste sait tirer un si grand avantage. Il n'appartient peut-être qu'à la chymie de fournir les moyens de combattre les maladies épidémiques, qui, presque toutes, reconnoissent pour cause une altération dans l'air, l'eau, ou les alimens. Ce n'est que par l'analyse qu'on trouvera le véritable remède contre ces concrétions pierreuses qui forment la matière de la goutte, du calcul, du rhumatisme, &c. Les belles connoissances que nous avons aujourd'hui sur la respiration et sur la nature des principales humeurs du corps humain, sont encore un bienfait de cette science.

5°. Non-seulement la chymie est avantageuse à l'agriculture, à la physique, à la minéralogie et à la médecine ; mais les

f 3

phénomènes chymiques intéressent tous
les ordres de citoyens ; les applications
de cette science sont si nombreuses, qu'il
est peu de circonstances dans la vie où l'on
ne goûte le plaisir d'en connoître les principes. Presque tous les faits que l'habitude
nous fait voir avec indifférence , sont des
phénomènes intéressans aux yeux du chymiste : tout l'instruit , tout l'amuse ; rien
ne lui est indifférent , parce que rien ne
lui est étranger. La nature, aussi belle dans
ses moindres détails que sublime dans la
disposition de ses loix générales , ne paroît déployer son entière magnificence
qu'aux yeux du chymiste.

Nous pourrions aisément nous former
une idée de cette science , s'il nous étoit
possible de présenter ici le tableau de ses
principales applications. Nous verrions ,
par exemple, que c'est la chymie qui nous
fournit tous les métaux dont les usages ont
été si fort multipliés ; que c'est la chymie
qui nous donne les moyens d'employer à

notre ornement la dépouille des animaux et des plantes; que c'est elle encore qui établit notre luxe et notre subsistance, comme un impôt, sur tous les êtres créés, et nous apprend à conquérir la nature en la faisant servir à nos goûts, à nos caprices et à nos besoins. Le feu, cet élément libre, indépendant, a été rassemblé et maîtrisé par l'industrie du chymiste : cet agent, destiné à pénétrer, à animer et à vivifier toute la nature, est devenu entre ses mains un agent de mort et son premier ministre de destruction. Les chymistes, qui, de nos jours, nous ont appris à isoler l'air pur, seul propre à la combustion, ont mis, pour ainsi dire, entre nos mains, l'essence même du feu ; et cet élément, dont les effets étoient si terribles, en produit de plus terribles encore. L'atmosphère, qu'on avoit regardée comme une masse de fluide homogène, s'est trouvée un véritable chaos, d'où l'analyse a retiré des principes d'autant plus intéressans à connoître, que la nature en a fait les principaux agens de ses opérations. Nous pouvons considérer cette masse de fluide dans lequel nous vivons, comme un vaste attelier où se préparent les météores, où se développent tous les germes de vie et de mort, où la nature prend les élémens de la composition des corps, et où la décomposition rapporte les principes qui en avoient été tirés.

La chymie, en nous faisant connoître la nature et les principes des corps, nous instruit parfaitement sur nos rapports avec les objets qui nous environnent : elle nous apprend, pour ainsi dire, à vivre avec eux, et imprime à tous une véritable vie, puisque, par elle, chaque corps a son nom, son caractère, ses usages et son influence dans l'harmonie et l'ordonnance de cet univers. Le chymiste, au milieu de ces êtres nombreux dont le commun des hommes accuse la nature d'avoir vainement surchargé notre globe, jouit comme au centre d'une société dont tous les membres, liés entre eux par des rapports intimes, concourent tous au bien général. A ses yeux tout est animé; chaque être joue un rôle sur ce vaste théâtre : le chymiste qui participe à ces scènes attendrissantes est payé avec usure des premières peines qu'il a prises pour établir ces relations.

On peut même regarder ce commerce ou ces rapports entre le chymiste et la nature, comme très-propres à adoucir les mœurs et à imprimer au caractère cette franchise et cette loyauté si précieuses dans la société. Dans l'étude de l'histoire naturelle, on n'eut jamais à se plaindre, ni d'inconstance, ni de trahison. On se passionne aisément pour les objets qui ne nous procurent que des joussances ; et ces sortes de liaisons sont aussi pures que leur objet, aussi durables que la nature, et d'autant plus fortes qu'il en a plus coûté pour les établir.

D'après toutes ces considérations, aucune science ne mérite plus que la chymie d'entrer dans le plan d'une bonne éducation : on peut même avancer que son étude est presque indispensable pour n'être pas étranger au milieu des êtres et des phénomènes qui nous environnent. A la vérité, l'habitude de voir les objets peut en faire reconnoître quelques propriétés principales; on peut même s'élever jusqu'à la théorie de certains phénomènes; mais rien n'est plus propre à rabaisser les prétentions des jeunes gens prévenus par ces demi-connoissances, que de leur montrer le vaste tableau de ce qu'ils ignorent : au sentiment profond de leur ignorance, succède le desir si naturel d'acquérir de nouvelles connoissances : le merveilleux des objets qu'on leur présente captive leur attention ; l'intérêt de chaque phénomène excite leur curiosité ; l'exactitude dans les expériences et la rigueur dans les résultats, forment leur raisonnement et les rendent sévères dans leurs jugemens. En étudiant les propriétés de tous les corps qui l'entourent, le jeune homme apprend à connoître les rapports qu'ils ont avec lui-même : en se portant successivement sur tous les objets, il étend par de nouvelles conquêtes le cercle de ses jouissances ; il devient même participant des priviléges du Créateur, puisqu'il unit et désunit, compose et détruit ; et l'on diroit que l'Auteur de la nature, se réservant à lui seul la connoissance de ses loix générales, a placé l'homme entre lui et la matière, pour qu'il reçût ces mêmes loix de sa propre main, et les appliquât à celle-ci avec les modifications et les restrictions convenables. Nous pouvons donc considérer l'homme comme bien supérieur aux autres êtres qui composent ce globe : ils suivent tous une marche monotone et invariable ; reçoivent les loix et les effets sans modification : lui seul a le rare avantage de connoître les loix, de préparer les événemens, de prédire les résultats, d'opérer des effets à sa volonté, d'écarter ce qui lui est nuisible, de s'approprier ce

qui lui est avantageux, de composer même
des substances que la nature ne forma jamais ; et, sous ce dernier point de vue,
créateur lui-même, il paroît partager avec
l'Être Suprême la plus belle de ses préro-
gatives.

ÉLÉMENS

ÉLÉMENS
DE CHYMIE.

PREMIÈRE PARTIE.

DES PRINCIPES CHYMIQUES.

INTRODUCTION.

*Définition de la Chymie, son but et ses moyens ;
idée d'un laboratoire ; description des principaux
instrumens employés dans les opérations, et définition de ces diverses opérations.*

LA chymie est une science, dont le but est de
connoître la nature, les principes et les propriétés
des corps.

Les moyens qu'elle emploie pour y parvenir,
se réduisent à deux : l'*analyse* et la *synthèse*.

Les principales opérations du chymiste se font
dans un attelier qu'on appelle *laboratoire*.

Un laboratoire doit être grand et bien aéré,
afin d'éviter le séjour des vapeurs dangereuses

Tome I. A

qui sont produites dans quelques opérations, ou qui s'échappent par quelque accident imprévu : il doit être sec, sans quoi les vases de fer s'y rouillent, et la plupart des produits chymiques s'y altèrent. Mais le principal mérite d'un laboratoire, est d'être meublé de tous les instrumens qui peuvent être employés à l'étude de la nature des corps et à la recherche de leurs propriétés.

Parmi ces instrumens, il en est qui sont d'un usage général et applicables au plus grand nombre d'opérations ; il en est d'autres qui ne servent que dans des cas particuliers. Cette division nous indique déjà qu'il ne sera question, en ce moment, que des premiers ; et que nous nous réserverons de faire connoître les autres, lorsque nous serons dans le cas de les employer.

Les instrumens chymiques les plus employés, ceux qui se présentent les premiers dans un laboratoire, sont les *fourneaux*.

On appelle fourneaux des vaisseaux de terre appropriés aux diverses opérations qu'on fait sur les corps par le moyen du feu.

Un mélange convenable de sable et d'argille forme ordinairement ces vaisseaux. Il est difficile, il est même impossible de prescrire et de déterminer, d'une manière invariable, les proportions de ces principes constituans : elles doivent varier selon la nature des terres qu'on veut employer : l'habitude et l'expérience peuvent seules nous fournir des principes à ce sujet.

La diverse manière d'appliquer le feu aux substances qu'on veut analyser, a fait donner aux fourneaux différentes formes, que nous réduirons en ce moment aux trois suivantes.

1°. *Fourneau évaporatoire.* Ce fourneau a reçu son nom de ses usages : on s'en sert pour réduire en vapeurs, par le secours du feu, des substances liquides, et en séparer des corps plus pesans qui peuvent y être mêlés, suspendus, combinés ou dissous.

Ce fourneau est composé d'un *cendrier* et d'un *foyer :* ces deux parties sont séparées par une grille qui supporte le combustible : le cendrier a une porte qui donne passage à l'air; et c'est par celle du foyer qu'on introduit le combustible.

Le foyer est recouvert par le vase évaporatoire; et on pratique deux ou trois échancrures, canelures ou dépressions, dans l'épaisseur des parois du fourneau, vers son bord supérieur, pour faciliter l'aspiration et la combustion.

On appelle *vase évaporatoire*, le vaisseau qui contient les substances qu'on évapore.

Ces vases sont de terre, de verre ou de métal : les vases de terre non vernissés sont trop poreux, et les liquides filtrent à travers leur tissu; ceux de biscuit de porcelaine se laissent aussi pénétrer par les liquides fortement chauffés, et donnent passage aux substances gazeuses : on connoît à ce sujet les belles expériences de *Darcet* sur la combustion et la destruction du diamant dans les boules de porcelaine. J'ai confirmé ces résultats par des expériences en grand sur la distillation de l'*eau-forte*, qui perd en quantité et qualité, quand on la fabrique dans des vaisseaux de poterie-porcelaine.

Les vaisseaux de terre vernissés ne peuvent pas servir ; lorsque le vernis est fait avec les verres de plomb ou de cuivre, puisque ces matières métalliques sont attaquées par les acides, les graisses, les huiles, &c. Ils ne peuvent pas non plus être employés lorsque la couverte est en émail, parce que cette espèce de verre opaque est presque toujours gercée et fendillée, et que le liquide s'introduit dans le corps du vase.

Les vaisseaux de terre ne peuvent donc servir que pour ces opérations peu délicates, où la précision et l'exactitude ne sont pas de rigueur.

On doit préférer les vaisseaux évaporatoires de verre : ceux qui résistent le mieux au feu sont ceux qu'on prépare soi-même, en coupant, à l'aide d'un fer rouge, une sphère de verre ou un récipient en deux calottes égales. Les capsules qu'on fait dans les verreries sont plus épaisses dans le milieu, et conséquemment plus susceptibles de casser en cet endroit, quand on les expose au feu.

Dans les atteliers des arts on fabrique des évaporatoires de métal. Le cuivre est le plus employé, parce qu'il réunit la propriété de résister au feu, à la solidité et à la facilité de pouvoir être travaillé : on en fait des alambics pour la distillation des vins et des aromes, des chaudières pour la crystallisation de certains sels et pour quelques travaux de teintures, &c. Le plomb est encore d'un usage assez étendu, et on s'en sert toutes les fois qu'il est question d'opérer sur des substances qui ont pour base l'acide sulfurique, telles que les sulfates d'alumine et de fer, et pour la concentration et rectification des *huiles de vitriol*. On emploie également les vaisseaux d'étain dans quelques opérations : le bain d'écarlate donne de plus belles couleurs dans des chaudières de ce métal que dans toute autre. On commence déjà à substituer des chapiteaux d'étain à ceux de cuivre dans la construction des alambics; et par ce moyen, les divers produits de la distillation sont exempts de tout soupçon de ce métal dangereux. On se sert encore de chaudières de fer pour des opérations grossières, comme, par exemple, lorsqu'il est question de rapprocher des lessives de *salin*, de *salpêtre*, &c.

Les évaporatoires d'or, d'argent ou de platine, doivent être préférés pour quelques opérations délicates : mais le prix et la rareté n'en permettent pas l'usage, sur-tout dans les travaux en grand.

Au reste, c'est la nature de la substance qu'on évapore, qui doit décider du choix du vase qui convient le mieux à l'opération : on ne peut point adopter exclusivement tel ou tel évaporatoire. Tout ce qu'on peut dire, c'est que le verre présente le plus d'avantages, parce que la matière qui le constitue est la moins attaquable, la moins soluble, et la moins destructible par les agens chymiques.

Les vaisseaux évaporatoires sont connus sous les noms de *capsules*, de *cucurbites*, &c. selon la variété de leur forme.

Ces vases doivent être, en général, très-évasés et peu profonds. Pour que la distillation et l'évaporation soient promptes et économiques, il faut, 1°. que le vase évaporatoire ne soit point étranglé à sa partie supérieure; 2°. que la chaleur soit appliquée au liquide dans tous les points et d'une manière égale; 3°. que la colonne ou masse du liquide présente peu de hauteur et beaucoup de surface : c'est sur ces principes que j'ai fait construire, dans le midi de la République, des chaudières propres à distiller les vins, qui économisent les onze douzièmes de temps et les quatre cinquièmes de combustible.

L'évaporation peut se faire de trois manières,

1°. à *feu nud*, 2°. au *bain de sable*, 3°. au *bain-marie*.

L'évaporation se fait *à feu nud*, lorsqu'il n'y a aucun corps interposé entre le feu et le vaisseau qui contient la substance à évaporer, comme lorsqu'on fait bouillir de l'eau dans un chaudron.

L'évaporation se fait *au bain de sable*, lorsqu'on interpose un vaisseau rempli de sable entre le feu et le vase évaporatoire : alors la chaleur se communique plus lentement et d'une manière plus graduée; et les vaisseaux, qui casseroient par l'application immédiate de la chaleur, résistent par ce moyen. La chaleur est en même temps plus égale et plus soutenue, le refroidissement est plus gradué, et les opérations se font avec plus d'ordre, plus de précision et plus d'aisance.

Si, au lieu d'employer un vase plein de sable, on se sert d'un vaisseau rempli d'eau, et qu'on plonge dans le liquide le vase évaporatoire, l'évaporation se fait *au bain-marie :* dans ce cas, la substance qu'on évapore n'est chauffée que par la chaleur que lui communique le liquide. Cette forme ou mode d'évaporation est employée, lorsqu'il est question d'extraire ou de distiller quelques principes très-volatils, tels que l'alkool, l'arôme des plantes, &c. Elle a l'avantage de fournir des produits qui ne sont point altérés par le feu, parce que la chaleur leur est transmise par l'inter-

A 4

mède d'un liquide; c'est ce qui rend ce procédé précieux pour extraire les huiles volatiles, les parfums, les liqueurs éthérées, &c. elle a encore l'a-
vantage de présenter une chaleur à-peu-près égale,
parce que le degré de l'ébullition est un terme assez
constant; et on peut graduer et varier à volonté
cette chaleur, en ajoutant des sels au liquide du
bain-marie, et rendant, par ce seul moyen, l'ébullition plus ou moins prompte et plus ou moins facile. On peut y parvenir encore, en gênant l'évaporation : car, dans ce cas, le liquide peut prendre
une chaleur beaucoup plus forte, comme on le voit
dans la *marmite de papin*, les *pompes à feu*, *l'éolipile*,
et les chaudières des *avivages* dans la teinture en
rouge du coton.

La *sublimation* diffère de l'évaporation, en ce
que la substance qu'on volatilise est solide : les
vases qui servent à cette opération sont connus
sous le nom de *vaisseaux sublimatoires* : ce sont ordinairement des boules surmontées d'un long col,
et alors on les appelle *matras*.

Pour sublimer une substance, on entoure de sable une partie de la boule du matras : la matière
que la chaleur volatilise va se condenser contre la
portion du vase la plus froide, et forme une couche ou calotte qu'on enlève en cassant le vase; c'est
ainsi qu'on forme, dans le commerce, le *sel ammoniac*, le *sublimé corrosif*, &c.

La sublimation se pratique ordinairement, lorsqu'on veut purifier certaines substances et les dégager de quelques matières étrangères, ou lorqu'il s'agit de réduire en vapeurs et de combiner sous cette forme des principes qui s'uniroient difficilement, s'ils n'avoient pas été ramenés à ce point de division.

2°. *Fourneau de réverbère.* On a donné le nom de fourneau de réverbère à celui qui est approprié aux distillations.

Ce fourneau est composé de quatre pièces : 1°. d'un *cendrier* destiné à livrer passage à l'air, et à recevoir les cendres ou le résidu de la combustion; 2°. d'un *foyer* séparé du cendrier par la grille; c'est dans cette pièce qu'est contenu le combustible; 3°. d'une portion de cylindre, qu'on appelle *laboratoire*, parce que c'est cette partie qui reçoit les cornues employées au travail ou à la distillation; 4°. ces trois pièces sont couvertes d'un *dôme* ou d'une portion de sphère percée vers son milieu par un trou qui livre passage au courant d'air et forme la cheminée.

La forme la plus ordinaire qu'on donne au fourneau de réverbère, est celle d'un cylindre terminé par une demi-sphère surmontée d'une cheminée plus ou moins longue, ce qui détermine une aspiration plus ou moins forte.

Pour qu'un fourneau de réverbère soit dans les

bonnes proportions , il faut , 1°. établir un large
cendrier , afin que l'air y aborde frais et sans altération ; 2°. donner au foyer et au laboratoire
réunis la forme d'une véritable ellipse dont le feu
et la cornue occupent les deux foyers ; alors toute
la chaleur , soit directe , soit réfléchie , se porte
sur la cornue.

Le fourneau de réverbère est employé aux distillations. On appelle *distillation* , cette opération
par laquelle on cherche à désunir et à séparer par
le feu les divers principes d'un corps , selon les loix
de leur pesanteur et de leurs affinités.

Les vaisseaux distillatoires sont connus sous le
nom de *cornues*.

Les Cornues sont de Verre , de Grès , de Porcelaine ou de Métal : on se sert de l'une ou de l'autre
de ces matières , selon la nature des substances
qu'on veut distiller.

De quelque nature que soit la cornue , la forme
en est toujours la même , et elles ont toutes la
figure d'un œuf terminé par un *bec* ou *tuyau* qui
diminue insensiblement de largeur et est légèrement incliné.

La portion ovale de la cornue , qu'on appelle
la *panse* , se place dans le laboratoire du fourneau,
et est supportée sur deux barres de fer qui séparent
le laboratoire du foyer , tandis que le bec ou col de
la cornue sort au dehors du fourneau par l'ouver-

ture circulaire pratiquée sur les bords du dôme et du laboratoire.

On adapte au bec de la cornue un vase destiné à recevoir le produit de la distillation; c'est ce vase qu'on nomme *récipient*.

Le Récipient est ordinairement une sphère qui présente deux ouvertures : l'une assez grande, pour recevoir le col de la cornue ; l'autre plus petite, pour donner issue aux vapeurs : c'est celle-ci qu'on appelle *tubulure* du récipient. De-là, *récipient tubulé* ou *non tubulé*, &c.

Quoique le fourneau de réverbère soit spécialement affecté aux distillations, cette opération peut s'exécuter au bain de sable; et ici, comme ailleurs, c'est au seul génie de l'artiste à varier ses appareils selon le besoin, les circonstances et la nature des matières sur lesquelles il opère.

On peut également varier la construction de ces fourneaux. Le chymiste doit apprendre de bonne heure à se servir de tout ce qu'il a sous la main pour exécuter ses opérations; car, s'il se laisse maîtriser par les circonstances, et qu'il se persuade qu'on ne peut travailler à la chymie, que dans un laboratoire pourvu de tous les vaisseaux convenables, il laissera échapper le moment d'une découverte qui ne se présentera plus. On peut dire avec fondement, que celui qui se traîne servilement sur les pas d'autrui, ne s'élevera jamais jusqu'à des vérités nouvelles.

3°. *Fourneau de forge.* Le fourneau de forge est celui où le courant d'air est déterminé par un soufflet. Cendrier, foyer, laboratoire, tout est réuni : et cet ensemble ne forme qu'une portion de cylindre percé, vers l'angle inférieur, d'un petit trou où aboutit le tuyau du soufflet. On recouvre quelquefois ce fourneau d'une calotte ou dôme, pour concentrer plus efficacement la chaleur, et la réverbérer sur les corps qui y sont exposés.

Ce fourneau est employé pour la fonte, la calcination des métaux, et généralement pour toutes les opérations qu'on exécute dans les *creusets*.

On entend par *creusets*, des vases de terre ou de métal, qui ont presque toujours la forme d'un cône renversé. Un creuset doit supporter la plus forte chaleur sans se fondre ; il doit encore être inattaquable par tous les agens qu'on expose au feu dans ces vases. Ceux qui se rapprochent le plus de ces degrés de perfection, sont ceux de *Hesse* et de *Hollande ;* j'en ai fabriqué de très-bons, par le mélange de l'argille crue et de l'argille cuite de *Salavas* dans le *Vivarais.*

On a pourvu nos laboratoires de creusets de *platine* qui réunissent les plus excellentes propriétés :

ils sont presque insolubles par les acides , et en même temps indestructibles par le feu.

On peut fabriquer à la main, ou travailler au tour , les divers vaisseaux de terre dont nous venons de parler : le premier procédé les rend plus solides , la pâte en est mieux battue, et c'est le seul usité dans les verreries ; le second est plus expéditif.

L'agent des décompositions par le moyen des fourneaux, est le *feu* : il est fourni par le bois , le charbon de terre ou celui de bois.

Le bois n'est employé que pour quelques travaux en grand. Nous préférons le charbon de bois dans nos laboratoires , parce qu'il ne fume point, n'a pas de mauvaise odeur , et qu'il brûle mieux en petit volume que les autres combustibles ; nous choisissons le plus sonore , le plus sec et le moins poreux.

Mais, dans les diverses opérations dont nous venons de parler , il est nécessaire de garantir les cornues de l'action immédiate du feu , de coërcer et de retenir des vapeurs expansibles , précieuses et souvent corrosives ; et c'est pour remplir ces vues qu'on emploie différens *luts*.

1°. Une cornue de verre exposée à l'action du feu casseroit infailliblement, si on n'avoit la sage précaution de la revêtir d'une chemise ou enveloppe de terre.

Je me sers avec avantage, pour lutter les cornues, d'un mêlange de terre grasse et de fiente
fraîche de cheval : pour cet effet, on fait *pourrir*
pendant quelques heures de la terre glaise dans
l'eau ; et lorsqu'elle est bien humectée et convenablement ramollie, on la pétrit avec la fiente de
cheval ; et on en forme une pâte molle, qu'on
applique et qu'on étend avec la main sur toute la
partie de la cornue qui doit être exposée à l'action
du feu. La fiente de cheval réunit plusieurs avantages : 1°. elle contient un suc glaireux qui durcit
par la chaleur et lie fortement toutes les parties.
Lorsque ce suc a été altéré par la fermentation ou
la vétusté, ce fumier n'a plus la même vertu.
2°. Les filamens ou brins de paille, qui se distinguent si aisément dans la fiente de cheval, unissent
toutes les parties du lut.

Les cornues luttées de cette manière, résistent
très-bien à l'impression du feu ; et l'adhérence du
lut à la cornue est telle que, lors même qu'une cornue se fend pendant l'opération, la disillation se
soutient et continue, comme je l'éprouve journellement dans les travaux en grand.

2°. Lorsqu'il s'agit de coërcer ou de s'opposer à
la sortie des vapeurs qui se dégagent d'une opération, il suffit, sans doute, d'enduire les jointures
des vaisseaux avec le papier enduit de colle, la
vessie mouillée, le lut de chaux et de blanc d'œuf,

si les vapeurs ne sont ni dangereuses ni corrosives; mais, lorsque les vapeurs rongent et corrodent, on se sert alors du *lut gras* pour les contenir.

Le lut gras est fait avec l'huile de lin cuite mêlée et bien incorporée avec l'argille tamisée : l'huile de noix pétrie avec la même argille forme un lut qui a les mêmes propriétés; il s'étend aisément sous la main : on en garnit les jointures des vaisseaux et on l'assujettit ensuite avec des bandes de linge trempées dans le lut de chaux et de blanc d'œuf.

Avant d'appliquer le feu à une distillation, il faut laisser sécher les luts : sans cette précaution, les vapeurs les soulèvent et s'échappent, ou bien elles se combinent avec l'eau qui les abreuve et les humecte; et elles róngent la vessie, la peau, le papier, en un mot toutes les matières qui les assujettissent.

Le lut de chaux et de blanc d'œuf sèche très-promptement, mais il faut l'employer dès le moment qu'il est fait : c'est aussi celui qui oppose le plus de résistance à l'effort des vapeurs, et adhère le plus intimement au verre : on le fait, en mêlant un peu de chaux vive très-divisée au blanc d'œuf, en battant de suite ce mélange pour faciliter la combinaison, et on le porte dans le moment sur des morceaux de vieux linge qu'on applique sur les jointures.

Dans les travaux en grand, où il n'est pas possible d'apporter tous ces minutieux détails, on lutte les jointures du récipient à la cornue avec le même lut qui sert à enduire les cornues. Il suffit d'une couche de l'épaisseur de quelques lignes pour que les vapeurs d'acide muriatique ou d'acide nitrique ne s'échappent point.

Comme dans certaines opérations, il se dégage une si prodigieuse quantité de vapeurs, qu'il est dangereux de les coërcer, et que d'un autre côté, la perte fait un déchet considérable dans le pro-duit, on a imaginé un appareil aussi simple qu'in-génieux pour modérer la sortie et retenir sans ris-que les vapeurs qui s'échappent : cet appareil est connu sous le nom de son auteur, *Woulf*, fameux chymiste anglais. Son superbe procédé consiste à adapter l'extrémité d'un tube creux et recourbé à la tubulure du récipient, tandis que l'autre bout plonge dans l'eau d'un flacon à moitié plein qu'on place à côté. De la partie vuide de ce même flacon, part un second tube qui va se rendre dans l'eau d'un second flacon. On peut en ajouter plusieurs, en observant les mêmes précautions, avec l'atten-tion néanmoins de laisser le dernier ouvert, pour donner une libre issue aux vapeurs non-coërcibles: et l'appareil ainsi disposé, on lutte toutes les join-tures. On sent déjà que les vapeurs qui s'échap-pent de la cornue sont obligées d'enfiler le tube adapté à la tubulure du récipient, et de passer à

travers

travers l'eau du premier flacon : elles éprouvent donc une première résistance qui les condense en partie ; mais, comme presque toutes les vapeurs sont plus ou moins miscibles et solubles dans l'eau, on a calculé la quantité d'eau nécessaire pour absorber la quantité de vapeurs qui se dégagent d'un mélange donné, et on a soin de distribuer dans les flacons de l'appareil le volume d'eau convenable.

On retire, par ce moyen, les produits les plus purs et les plus concentrés, puisque l'eau, qui est toujours l'excipient et le véhicule de ces substances, en est saturée : c'étoit-là peut-être encore le seul moyen d'obtenir des produits d'une énergie toujours égale et d'un effet comparable, ce qui est très-important dans les opérations des arts et dans nos expériences de laboratoire.

J'ai appliqué cet appareil aux travaux en grand, et je m'en sers pour extraire l'acide muriatique ordinaire, l'acide muriatique oxigéné, l'ammoniaque, &c.

Comme il arrivoit fort souvent que la pression de l'air extérieur faisoit passer l'eau des derniers flacons dans le récipient par le simple refroidissement de la cornue, on a obvié à cet inconvénient en plaçant des tubes droits dans le goulot du premier et du second flacon, de façon qu'ils plongent dans l'eau et s'élèvent à quelques pouces

au-dessus du goulot. On sent, d'après cette disposition, que, lorsque les vapeurs dilatées du
récipient et de la cornue se condenseront par le
refroidissement, l'air extérieur se précipitera par
ces tubes pour rétablir l'équilibre, et l'eau ne
pourra pas passer d'un vase dans l'autre.

Avant que cet appareil fût connu, on laissoit
un trou dans le récipient qu'on avoit soin de
boucher et d'ouvrir de temps en temps pour donner issue aux vapeurs. Cette méthode avoit plusieurs inconvéniens : le premier de tous, c'est
que, malgré toutes ces précautions, on couroit
risque d'une explosion à chaque moment par le
dégagement peu gradué des vapeurs et l'impossibilité de calculer la quantité qui s'en produisoit
dans un temps donné : le second, c'est que les
vapeurs qui se dissipoient entraînoient un déchet
notable dans le produit, et en affoiblissoient même
la vertu, puisque ce principe volatil est le plus
énergique : le troisième, c'est que cette vapeur
incommodoit l'artiste à tel point, qu'il étoit impossible d'exécuter la plupart des opérations dans
les cours de chymie, en présence de nombreux
auditeurs.

L'appareil de *Woulf* réunit donc plusieurs
avantages : d'un côté, économie dans la fabrication et supériorité dans le produit : de l'autre,
sûreté pour le chymiste et les assistans. Et, sous

tous ces rapports, l'auteur a des droits à la reconnoissance des chymistes, qui, trop souvent atteints de ces funestes exhalaisons, traînoient une vie languissante, ou périssoient victimes de leur zèle pour la science.

Il est nécessaire de pourvoir un laboratoire de balances d'une précision rigoureuse : car le chymiste qui n'opère souvent que sur de petites masses, doit retrouver, par la rigueur de ses opérations et l'exactitude de ses appareils, des résultats comparables avec ceux des travaux en grand. C'est souvent sur le simple essai d'un échantillon de mine qu'on détermine une exploitation, et l'on sent de quelle conséquence il est d'écarter toute cause d'erreur, puisque la plus légère, dans les travaux de laboratoire, entraîne les suites les plus funestes lorsqu'on fait l'application des principes aux travaux en grand.

Nous parlerons des autres vases et appareils chymiques, à mesure que nous aurons occasion de nous en servir : nous avons cru qu'en rapprochant ainsi la description de leurs usages, nous parviendrions à les faire mieux connoître, et que nous fatiguerions moins la mémoire de nos lecteurs.

SECTION PREMIÈRE.

De la loi générale qui tend à rapprocher et à maintenir dans un état de mélange ou de combinaison les molécules des corps.

IL a suffi à l'Être suprême de donner aux molécules de la matière une force d'attraction réciproque, pour nécessiter l'arrangement que nous présentent les corps de cet univers. Par une suite très-naturelle de cette loi primordiale, les élémens des corps ont dû se presser sur eux-mêmes : il a dû se former des masses par leur réunion ; et insensiblement se sont établis des corps solides et compactes vers lesquels, comme vers un centre, ont dû peser les corps plus foibles et plus légers.

Cette loi d'attraction, que les chymistes appellent *affinité*, tend sans cesse à rapprocher les principes qui sont désunis, retient avec plus ou moins d'énergie ceux qui sont déjà combinés. On ne peut opérer aucun changement dans la nature sans rompre ou modifier cette puissance attractive.

Il est donc naturel, il est même nécessaire de parler de la loi des affinités, avant de s'occuper des moyens d'analyse.

L'affinité s'exerce, ou bien entre des principes de même nature, ou bien entre des principes de nature différente.

D'après cela, nous pouvons distinguer deux sortes d'affinité par rapport à la nature des corps: 1°. l'affinité d'*aggrégation*, ou celle qui existe entre deux principes de même nature; 2°. l'affinité de *composition*, ou celle qui retient dans un état de combinaison deux ou plusieurs principes de nature différente.

AFFINITÉ D'AGGRÉGATION.

Deux gouttes d'eau qui se réunissent en une seule, forment un *aggrégé* dont chaque goutte est connue sous le nom de *partie intégrante*.

L'aggrégé diffère de l'*amas*, en ce que les parties intégrantes de celui-ci n'ont aucune adhésion sensible entre elles, comme dans des tas de bled, de sable, &c.

L'aggrégé et l'amas diffèrent du *mélange*, en ce que dans ce dernier les parties constituantes sont de nature différente, comme dans la poudre à canon.

L'affinité d'aggrégation est d'autant plus forte, que les parties intégrantes sont plus rapprochées : ainsi tout ce qui tend à éloigner et à séparer ces parties intégrantes, diminue leur affinité et affoiblit leur force de cohésion.

B 3

La chaleur produit cet effet sur la plupart des corps connus ; de-là vient que les métaux fondus n'ont plus de consistance : le calorique, en se combinant avec les corps, produit presque toujours un effet opposé à la force d'attraction, et l'on seroit autorisé à le regarder comme un principe de *répulsion*, si la saine chymie ne nous avoit prouvé qu'il ne produit cet effet qu'en cherchant à se combiner avec les corps, et diminuant nécessairement par-là leur rapport d'eggrégation, comme font tous les agens chymiques. En outre, l'extrême légéreté du calorique fait que, lorsqu'il est combiné avec un corps quelconque, il tend sans cesse à l'élever et à vaincre cette force qui retient et précipite vers la terre.

Les opérations méchaniques du *pilon*, du *marteau*, du *ciseau*, diminuent pareillement l'affinité d'aggrégation : elles éloignent les parties intégrantes les unes des autres. Cette nouvelle disposition, en présentant moins d'adhésion et plus de surface, facilite l'action des agens chymiques et en augmente l'énergie : c'est dans ce dessein qu'on divise les corps quand on veut les analyser, et qu'on facilite l'effet des réactifs par le secours de la chaleur

La division méchanique des corps est d'autant plus difficile, que leur aggrégation est plus forte.

Les aggrégés se présentent sous plusieurs états : ils sont solides, liquides, aériformes, &c. Voyez *Fourcroy.*

AFFINITÉ DE COMPOSITION.

Les corps ou principes de diverse nature exercent les uns sur les autres un tendance ou une attraction plus ou moins forte, et c'est en vertu de cette force que s'opèrent tous les changemens de composition ou de décomposition qu'on observe entre eux.

L'*affinité de composition* nous offre dans tous ses phénomènes des loix invariables, dont nous pouvons faire des principes auxquels nous rapporterons tous les effets que nous présentent le jeu et l'action des corps les uns sur les autres.

I. *L'affinité de composition n'agit qu'entre les parties constituantes des corps.*

La loi générale de l'attraction s'exerce sur les masses, et en cela elle diffère de la loi des affinités qui n'agit sensiblement que sur les molécules élémentaires des corps : deux corps mis à côté l'un de l'autre ne se confondent point ; mais si on les divise et qu'on les mêle, il peut en résulter une combinaison. On en voit des exemples lorsqu'on triture le muriate de soude

B 4

avec la litarge, le muriate d'ammoniaque avec la chaux, &c. et on peut avancer que l'énergie de l'affinité de composition est presque toujours proportionnée au degré de division des corps.

II. *L'affinité de composition est en raison inverse de l'affinité d'aggrégation.*

Il est d'autant plus difficile de décomposer un corps, que les principes constituans en sont unis et retenus par une force plus grande : les gaz et sur-tout les vapeurs tendent sans cesse à la combinaison, parce que leur aggrégation est foible. La Nature, qui renouvelle à chaque instant les productions de cet univers, ne combine jamais solide à solide, mais elle réduit tout en gaz, rompt par ce moyen les entraves de l'aggrégation ; et ces gaz, en s'unissant entre eux, forment à leur tour des solides.

De-là vient sans doute que l'affinité de composition est, en général, d'autant plus forte, que les corps approchent plus de l'état élémentaire. Nous observerons, à ce sujet, que c'est même une loi très-sage de la nature : car si la force ou affinité de composition n'augmentoit pas à mesure que les corps sont ramenés à ce degré de nudité; si les corps ne prenoient pas une tendance décidée à s'unir et à se combiner à proportion qu'ils approchent de leur état primitif ou élémentaire, la masse des élémens iroit toujours croissant par les décompositions successives et non interrompues, et nous retomberions insensiblement dans ce cahos ou cette confusion de principes qu'on suppose avoir été le premier état de ce globe.

C'est la nécessité de cet état de division si propre à augmenter l'énergie de l'affinité, qui a fait recevoir comme un principe incontestable, que, pour que l'affinité de composition ait lieu, il faut que l'un des corps soit fluide, *corpora non agunt nisi sint fluida*. Mais il me paroît qu'une division extrême peut remplacer une dissolution, car l'une et l'autre de ces opérations ne tendent qu'à diviser et atténuer les corps qu'on veut combiner, sans en altérer la nature. C'est en raison de cette division, qui équivaut à une dissolution, que s'opère la décomposition du muriate de soude par la trituration avec le *minium*, l'union à froid et à sec de l'alkali à l'antimoine, le dégagement de l'ammoniaque par le simple mélange du muriate d'ammoniaque avec la chaux.

III. *Lorsque deux ou plusieurs corps s'unissent par affinité de composition, leur température change.*

On ne peut rendre raison de ce phénomène, qu'en regardant le fluide de la chaleur comme un principe constituant des corps réparti inégalement entre eux : de sorte que lorsqu'il survient quelque changement dans les corps, ce fluide est

déplacé à son tour, ce qui emmène nécessairement un changement de température. Nous reviendrons sur ces principes en parlant du calorique.

IV. *Le composé qui résulte de la combinaison de
deux corps, a des propriétés tout-à-fait différentes de
celles des principes constituans.*

Quelques chymistes ont avancé que les propriétés du composé étoient moyennes entre celles
des principes constituans : mais ce terme moyen
n'a aucun sens dans le cas présent; car, entre l'aigre et le doux, l'eau et le feu, peut-il y avoir des
qualités moyennes ?

Pour peu qu'on réfléchisse sur les phénomènes
que nous présentent les corps dans les compositions, on verra que la forme, la saveur, la consistance, se dénaturent dans les combinaisons; et
nous ne pouvons établir aucun principe qui nous
indique *à priori*, tous les changemens qui peuvent
survenir, et nous fasse connoître la nature et les
propriétés du corps qu'on forme.

V. *Chaque corps a ses affinités marquées avec les
diverses substances qu'on lui présente.*

Si tous les corps avoient entre eux le même degré d'affinité, il n'y auroit aucun changement : en
présentant les corps l'un à l'autre, nous n'opére-
rions le déplacement d'aucun principe. La nature
a donc fait sagement de varier les affinités et de
marquer à chaque corps le degré de rapport

qu'il a avec tous ceux qu'on peut lui présenter.

C'est à raison de cette différence dans les affinités, qu'on opère toutes les décompositions en chymie; c'est sur elle que sont fondées toutes les opérations de la nature et des arts. Il importe donc de bien connoître tous les phénomènes et toutes les circonstances que peut nous présenter cette loi de décomposition.

L'affinité de composition a reçu différens noms d'après ses effets, et on la divise en *affinité simple*, *affinité double*, *affinité d'intermède*, *affinité réciproque*, &c.

1°. Deux principes unis entre eux, et séparés par le moyen d'un troisième, donnent un exemple de l'*affinité simple* : c'est le déplacement d'un principe par l'addition d'un troisième. *Bergmann* lui a donné le nom d'*attraction élective*.

Le corps chassé ou déplacé est connu sous le nom de *précipité* : l'alkali précipite les métaux de leur dissolution, l'acide sulfurique précipite le muriatique, le nitrique, &c.

Le *précipité* n'est pas toujours formé par le corps déplacé : quelquefois c'est le nouveau composé qui se précipite, comme, par exemple, lorsque je verse de l'acide sulfurique sur une dissolution du muriate de chaux. D'autres fois le corps déplacé et le nouveau composé se précipitent : c'est ce qui arrive lorsqu'on décompose le sulfate de magnésie dissous dans l'eau par le moyen de l'eau de chaux.

2°. Il arrive souvent que le composé de deux principes ne peut être détruit, ni par un troisième, ni par un quatrième corps qui lui sont appliqués séparément ; mais, si on unit ces deux corps et qu'on les mette en contact et en action avec ce même composé, il y a alors décomposition ou échange de principes ; c'est ce phénomène qui constitue l'*affinité double*.

Un exemple nous rendra cette proposition plus claire et plus précise : le sulfate de potasse n'est complètement décomposé ni par l'acide nitrique, ni par la chaux, quand on les lui présente séparément ; mais si on combine l'acide nitrique avec la chaux, ce nitrate de chaux décompose le sulfate de potasse. Dans ce dernier cas, l'affinité de l'acide sulfurique avec l'alkali est affoiblie par son affinité avec la chaux : cet acide exerce donc deux attractions, l'une qui le retient à l'alkali, l'autre qui l'attire vers la chaux. *Kirwan* a appellé la première *affinité quiescente*, et la seconde *affinité divellante*. Ce que nous disons des affinités de l'acide est applicable aux affinités de l'alkali, il est retenu vers l'acide sulfurique par une force supérieure, et néanmoins attiré par l'acide nitrique. Supposons maintenant, que l'acide sulfurique adhère à la potasse avec une force comme 8, et à la chaux avec une force égale à 6 ; que l'acide nitrique adhère à la chaux par une force comme 4, et tende à s'unir à l'alkali avec une force comme 7 : on voit déjà que l'acide nitrique et la chaux appliqués séparément au sulfate de potasse, ne produiront aucun changement. Mais si on les présente dans un état de combinaison, alors l'acide sulfurique est attiré d'une part par 6 et retenu par 8 ; il a donc une adhésion effective à l'alkali comme 2 : d'un autre côté, l'acide nitrique est attiré par une force comme 7, et retenu par une comme 4 ; reste une tendance à s'unir à l'alkali comme 3 : il doit donc déplacer l'acide sulfurique, qui n'est retenu que par une force comme 2.

3°. Il est des cas où deux corps n'ayant aucune affinité sensible entre eux, reçoivent la disposition à s'unir par l'intermède d'un troisième ; c'est ce qu'on appelle *affinité d'intermède* : l'alkali est l'intermède de l'union de l'huíle avec l'eau ; de-là la théorie des *lessives*, des *décreusages*, &c.

Si les affinités des corps étoient bien connues, on pourroit prédire les resultats de toutes les opérations ; mais on sent combien il est difficile d'acquérir cette étendue de connoissances, sur-tout depuis les découvertes modernes qui nous ont fait connoître des modifications infinies dans les opérations, et nous ont appris que les résultats pouvoient varier avec tant de facilité que l'absence ou la présence de la lumière en déterminent de très-différens.

Lorsque la Chymie étoit bornée à la connoissance de quelques substances, et qu'elle n'étoit occupée que de quelques faits, il étoit possible alors de dresser des *tables d'affinité*, et de présenter dans le même tableau le résultat de nos connoissances : mais tous les principes sur lesquels on avoit construit ces échelles, ont reçu des modifications ; le nombre des principes s'est accru, et nous sommes obligés de travailler sur de nouvelles bases. On peut voir une esquisse de ce grand ouvrage dans le traité des affinités du célèbre *Bergmann*, et à l'article AFFINITÉ de *l'Encyclopédie méthodique*.

VI. *Les molécules que leur affinité rapproche et réunit, qu'elles soient de même nature ou de nature différente, tendent sans cesse à former des corps qui présentent une forme polièdre, constante et déterminée.*

Cette belle loi de la nature, par laquelle elle imprime à toutes ses productions une figure constante et régulière, paroît avoir été ignorée des anciens. Lorsque les chymistes commencèrent à reconnoître que presque tous les corps du règne minéral affectoient des formes régulières, ils les désignèrent d'après la grossière ressemblance qu'on crut appercevoir entre elles et des corps connus : de-là les dénominations des crystaux, en *tombeaux*, en *aiguilles*, en *pointes de diamans*, en *croix*, en *lames de couteau*, &c.

C'est sur-tout au célèbre *Linné* qu'on doit les premières idées précises sur ces figures géométriques : il a reconnu la constance et l'uniformité de ce caractère ; et ce célèbre naturaliste a cru pouvoir en faire la base de sa méthode de classification dans le règne minéral.

Romé de Lisle a été encore plus loin : il a soumis à un examen rigoureux toutes les formes, il les a décomposées, pour ainsi dire, et a cru reconnoître dans tous les crystaux des corps analogues ou indentiques, de simples modifications et les nuances d'une forme primitive. Par ce moyen, il a ramené à quelques formes premières toutes les formes confuses et bizarres, et a attribué à la nature un plan ou un dessein primitif qu'elle varie et modifie de mille manières, selon les circonstances qui influent sur son travail: Cette marche vraiment grande et philosophique, a jetté le plus grand intérêt sur cette partie de la minéralogie; et, en convenant que *Romé de Lisle* a peut-être poussé trop loin ces rapprochemens, nous ne pouvons pas disconvenir qu'il ne mérite une place distinguée parmi les auteurs qui ont contribué aux progrès de la science : on peut lire avec avantage la *Crystallographie* de ce célèbre naturaliste.

Hauy a ensuite appliqué le calcul aux observations : il a prétendu prouver qu'il y avoit un noyau ou forme primitive à chaque crystal, et a fait connoître les loix de décroissement auxquelles sont assujetties les lames composantes des crystaux considérés dans le passage de la forme primitive aux formes secondaires : on peut voir le développement de ces beaux principes et leur application aux crystaux les plus connus, dans *sa théorie sur la structure des crystaux*, &c. et dans plusieurs de ses mémoires imprimés dans les volumes de l'Académie des Sciences.

Les travaux réunis de ces célèbres naturalistes ont porté la crystallographie à un degré de perfection dont elle ne paroissoit pas susceptible ; mais nous ne nous occuperons en ce moment que des principes d'après lesquels s'opère la crystallisation.

Pour disposer un corps à la crystallisation, il faut préalablement en opérer une divison aussi complète qu'il est possible.

Cette division peut s'effectuer par dissolution, ou par une opération purement méchanique.

La dissolution peut s'opérer par le moyen de l'eau,

l'eau, ou par le moyen du feu : celle des sels se fait en général dans le premier liquide, celle des métaux s'exécute à l'aide du second : et leur dissolution n'est complète que lorsqu'on leur applique une chaleur assez forte pour les porter à l'état de gaz.

Lorsqu'on évapore l'eau qui tient un sel en dissolution, on rapproche insensiblement les principes du corps dissous, et on l'obtient sous forme régulière ; il en est à-peu-près de même de la dissolution par le feu ; dès qu'un métal est imprégné de ce fluide, il ne crystallise qu'autant que cet excédent de fluide lui est soustrait.

Pour que la forme du crystal soit régulière, il faut la réunion de trois circonstances, le temps, l'espace et le repos. Voyez *Linné, Daubenton*, &c.

A. Le temps fait dissiper lentement le liquide surabondant, et rapproche insensiblement et sans secousses les molécules intégrantes qui s'unissent alors selon des loix constantes, et forment par conséquent un crystal régulier. C'est pour cette raison que l'évaporation lente est recommandée par tous les bons chymistes. Voyez *Sthal, traité des sels, cap.* 29.

'A proportion que l'évaporation du dissolvant s'effectue, les principes du corps dissous se rapprochent, et leur affinité augmente à chaque ins-

Tome I. C

tant, tandis que celle du dissolvant reste la même : de-là vient, sans doute, que les dernières portions du dissolvant sont plus difficilement volatilisées, et que les sels en retiennent plus ou moins, ce qui forme leur *eau de crystallisation*. Non-seulement la proportion de l'eau de crystallisation varie beaucoup dans les divers sels, mais elle y adhère plus ou moins : il y en a quelques-uns qui la laissent dissiper dès qu'ils sont exposés à l'air, tels que la soude, le sulfate de soude, &c. et alors ces sels perdent leur transparence, tombent en poussière, et on les appelle sels *effleuris*. Il en est d'autres qui retiennent obstinément l'eau de crystallisation, tels que le muriate de potasse, le nitrate de potasse, &c.

Les phénomènes que nous présentent les divers sels, lorsqu'on les prive forcément de leur eau de crystallisation, offrent encore des variétés : les uns pétillent sur le feu, et se dispersent en éclats lorsque l'eau se dissipe ; c'est ce qu'on appelle *décrépitation*. D'autres exhalent en fumée cette même eau, et se liquéfient en diminuant de volume. Quelques-uns se boursoufflent et se tuméfient.

Nous devons à *Kirwan* une table précise sur la quantité d'eau de crystallisation que contient chaque sel ; on peut la consulter dans sa *minéralogie*.

Le simple refroidissement du liquide qui tient un sel en dissolution, peut le précipiter en grande partie : le calorique et l'eau dissolvent une plus grande quantité de sel lorsque leur action est réunie ; et l'on conçoit aisément que la soustraction d'un des dissolvans doit entraîner la précipitation de la portion qu'il tenoit en dissolution. Ainsi l'eau chaude saturée de sel doit en laisser précipiter une partie par le refroidissement. C'est pour cette raison que la crystallisation commence toujours à la surface de la liqueur et sur les parois du vase, parce que ces parties sont les premières à éprouver le refroidissement.

C'est l'alternative du froid et du chaud qui fait que l'air atmosphérique dissout tantôt plus, tantôt moins, ce qui constitue les *brouillards*, le *serin*, la *rosée*, &c.

On peut encore hâter le rapprochement des parties constituantes d'un corps dissous, en présentant à l'eau qui les tient en dissolution un corps avec lequel elle ait plus d'affinité qu'elle n'en a avec elles ; c'est d'après ce principe que l'alkool précipite plusieurs sels.

B. L'espace est encore une condition nécessaire pour obtenir une crystallisation régulière : si la nature est gênée dans ses opérations, son travail se ressentira de cet état de détresse ; et l'on diroit qu'elle moule ses productions sur toutes les

C 2,

circonstances qui peuvent influer sur ses opérations.

C. Le repos du liquide est encore nécessaire pour obtenir des formes bien régulières : une agitation non interrompue s'oppose à tout arrangement symmétrique, et l'on n'obtient dans ce cas qu'une crystallisation confuse et peu prononcée.

Je suis persuadé que pour obtenir les corps sous forme de crystaux, il n'est point nécessaire d'une dissolution préalable, mais qu'il suffit d'une simple division mécanique. Pour se convaincre de cette vérité, il nous suffit d'observer que la dissolution ne dénature point les corps et qu'elle n'en procure qu'une division extrême, de sorte que les principes désunis, rapprochés peu à peu et sans secousses, s'adaptent l'un à l'autre en suivant les loix invariables de leur pesanteur et de leur affinité : or, une division purement méchanique produit le même effet, et met les principes dans la même disposition. Ne soyons donc pas surpris si la plupart des sels, tels que le gypse, dispersés dans la terre, prennent des formes régulières sans une dissolution préalable : ne soyons pas surpris si les fragmens imperceptibles de quartz, de spath, &c. entraînés et prodigieusement divisés par les eaux, se déposent et forment des crystaux bien prononcés.

On peut distinguer dans les sels une propriété très-singulière qu'on pourroit rapporter à la crystallisation, mais qui s'en éloigne, parce qu'elle ne dépend pas des mêmes causes : c'est la vertu qu'ils ont de grimper sur les parois des vases qui en contiennent la dissolution, et c'est ce qu'on appelle *végétation saline.*

J'ai fait connoître les principales formes qu'affectoit cette singulière végétation ; et on peut voir les détails de mes expériences dans le troisième volume de l'académie de Toulouse.

Dorthes a confirmé mes résultats, et a observé de plus que le camphre, l'esprit-de-vin, l'eau, &c. qui s'élèvent, par évaporation insensible, des flacons à moitié pleins, alloient se fixer constamment sur les points les plus éclairés des vases.

Petit et *Rouelle* avoient parlé de la végétation des sels : mais il nous manquoit une suite d'expériences à ce sujet, et je crois avoir rempli cette tâche.

SECTION II.

Des divers moyens que le Chymiste emploie pour rompre l'adhésion ou affinité qui existe entre les molécules des corps.

La loi des affinités dont nous venons de nous occuper, tend sans cesse à rapprocher les molécules des corps, et à les maintenir dans leur état d'union : les efforts du chymiste se bornent presque toujours à vaincre cette puissance attractive ; et les moyens qu'il emploie se réduisent, 1°. à diviser les corps par des opérations méchaniques ; 2°. à les diviser ou à éloigner les molécules l'une de l'autre par le secours des dissolvans ; 3°. à présenter aux divers principes de ces mêmes corps des substances qui aient plus d'affinité avec eux qu'ils n'en ont eux-mêmes entre eux.

1°. Les différentes opérations que le chymiste fait sur les corps, pour en déterminer la nature, en altèrent la forme, le tissu, et en changent même quelquefois la constitution. Tous ces changemens sont ou *méchaniques* ou *chymiques* : les opérations méchaniques dont nous parlons en ce moment, ne dénaturent point les substances, et n'en changent en général que la forme et le volume : ces opérations s'exécutent par le *marteau*, le *ciseau*, le *pilon*, &c. ce qui nécessite le chymiste à pourvoir son laboratoire de tous ces agens.

Ces *divisions*, ces *triturations* se font dans des mortiers de pierre, de verre ou de métal. La nature des substances détermine l'emploi de l'un ou l'autre de ces vases.

Ces opérations préliminaires préparent et disposent à de nouvelles, qui désunissent les principes des corps et changent leur nature : celles-ci, que nous pourrions appeler *opérations chymiques*, constituent essentiellement l'*analyse*.

2°. La dissolution dont il est question en ce moment, est la division et la disparution d'un solide dans un liquide, mais sans altération dans la nature du corps qu'on dissout.

On appelle *dissolvant* ou *menstrue* le liquide dans lequel disparoît le solide.

L'agent de la dissolution paroît suivre quelques loix constantes que nous ne ferons qu'indiquer.

A. L'agent de la dissolution ne paroît pas différer de celui des affinités : et, dans tous les cas, la dissolution est plus ou moins abondante et facile, selon l'affinité des parties intégrantes du dissolvant avec celles du corps à dissoudre.

Il s'ensuit de ce principe, que pour faciliter la

C 4

dissolution, il faut triturer et diviser le corps qu'on veut dissoudre; par ce moyen, on lui fait présenter plus de surface, et on diminue l'affinité des parties intégrantes.

Il arrive quelquefois que l'affinité entre le dissolvant et le corps qu'on lui présente est si peu marquée, qu'elle ne devient sensible que par la suite des temps : ces opérations lentes, dont nous avons quelques exemples dans nos laboratoires, sont communes dans les travaux de la nature, et peut-être c'est à de pareilles causes que nous devons rapporter la plupart de ces résultats dont nous ne voyons ni la cause ni les agens.

B. La dissolution est d'autant plus prompte, que le corps à dissoudre présente plus de surface: c'est sur ce principe qu'est fondé l'usage de *broyer*, de *triturer* et de *diviser* les corps qu'on veut dissoudre. *Bergmann* a même observé que des corps qui ne sont pas attaqués lorsqu'ils sont en masse, deviennent solubles quand on les divise. *Lettres sur l'Islande*, page 421.

C. La dissolution d'un corps produit constamment du froid : on a même tiré parti de ce phénomène pour se procurer des froids artificiels bien supérieurs aux plus rigoureux de nos climats : nous reviendrons sur ce principe en parlant des loix du calorique.

Les principaux dissolvans employés dans nos
opérations, sont l'*eau*, l'*alkool* et le *feu* : les
corps soumis à l'un ou à l'autre de ces dissolvans,
présentent des phénomènes analogues ; ils se divisent, se raréfient et finissent par disparoître à
la vue ; le métal le plus réfractaire se fond, se
dissipe en vapeur, et passe à l'état de gaz si une
plus forte chaleur lui est appliquée. Ce dernier
état forme une dissolution complète de la substance métallique dans le calorique.

On fait souvent concourir le calorique avec
quelqu'un des autres deux dissolvans, pour opérer une plus prompte et plus abondante dissolution.

Les trois dissolvans dont nous venons de parler n'exercent point une action égale sur tous les
corps indistinctement : et de très-habiles chymistes
nous ont dressé des tableaux de la vertu dissolvante de ces *menstrues*. On peut voir dans la
minéralogie de *Kirwan*, avec quel soin ce célèbre chymiste nous fait connoître le degré de
solubilité de chaque sel dans l'eau. On peut encore consulter le tableau de *Morveau*, sur l'action dissolvante de l'alkool. *Journal de physique*,
1785.

Presque tous les auteurs qui ont traité de la
dissolution, l'ont envisagée sous un point de
vue trop méchanique : les uns ont supposé des

étuis dans le dissolvant, et des pointes dans le corps qu'on dissout. Cette supposition absurde et gratuite a paru suffisante pour concevoir l'action des acides sur les corps. *Newton* et *Gassendi* ont admis des pores dans l'eau dans lesquels les sels pouvoient se nicher, et ont expliqué par ce moyen pourquoi l'eau n'augmentoit pas en volume en proportion des sels qu'elle dissolvoit. *Gassendi* a même supposé des pores de diverses formes, et a cherché à concevoir par-là comment l'eau saturée d'un sel peut en dissoudre d'autres d'une nouvelle espèce. *Watson* qui a observé les phénomènes de la dissolution avec le plus grand soin, a conclu de ses nombreuses expériences, 1°. que l'eau monte dans les vaisseaux dans le moment de l'immersion d'un sel; 2°. qu'elle baisse pendant la dissolution; 3°. qu'elle remonte après la solution au-dessus du premier niveau: les deux derniers effets me paroissent provenir du changement de température qui survient à la liqueur: le refroidissement qu'entraîne la dissolution doit diminuer le volume du dissolvant; mais il doit se remettre dans le premier état dès que la dissolution est faite. On peut consulter les tables qu'a dressées *Watson* sur ces phénomènes et sur la gravité spécifique de l'eau saturée avec différens sels. *Voyez* le Journal de Physique, tome XIII, p. 621.

3°. Comme l'affinité particulière des corps n'est point la même chez tous, les principes constituans peuvent être aisément déplacés par d'autres substances, et c'est là-dessus qu'est fondée l'action de tous les réactifs que le chymiste emploie dans ses analyses : quelquefois il déplace certains principes qu'il peut alors examiner plus exactement, par-là même qu'il les a isolés et dégagés de toutes leurs entraves : souvent le réactif employé se combine avec quelque principe du corps qu'on analyse, et il en résulte un composé dont les caractères nous indiquent la nature du principe qui s'est combiné, attendu que les combinaisons des principaux réactifs avec les diverses bases sont connues : il arrive encore très-souvent, que le réactif employé se décompose lui-même, ce qui complique les phénomènes et les produits ; mais nous jugeons toujours par leur nature des principes constituans du corps qu'on analyse. Ce dernier fait a été peu observé par les anciens chymistes, et c'est là un des grands défauts des travaux de *Sthal*, qui a rapporté aux corps qu'il soumettoit à l'analyse, la plupart des phénomènes qui n'appartiennent qu'à la décomposition des réactifs employés dans ses opérations.

SECTION III.

*De la marche que le Chymiste doit suivre
pour étudier les divers corps que la nature
nous présente.*

Les progrès qu'on fait dans une science dépendent de la solidité des principes qui en font la base, et de la manière de les étudier : Il n'est donc pas étonnant que la chymie ait fait peu de progrès dans ce temps où le langage des chymistes étoit énigmatique, et où les principes de la science n'étoient fondés que sur des analogies mal déduites, ou des faits mal vus et peu nombreux. Dans les temps qui ont suivi cette époque, on a un peu plus consulté les faits ; mais au lieu de dire que ce qu'ils disoient, le chymiste a voulu faire des applications, tirer des conséquences, et établir des théories. Ainsi, lorsque *Stahl* vit pour la première fois que l'huile de vitriol et le charbon produisoient du soufre, s'il se fut borné à énoncer le fait, il auroit annoncé une vérité précieuse et éternelle : mais conclure que le soufre étoit créé par la combinaison du principe combustible du charbon avec l'huile, c'est dire plus que l'expérience n'indique, c'est aller plus loin que le fait ; et ce premier pas hasardé peut être un premier pas vers l'erreur. Toute doctrine, pour être stable, ne doit être que l'expression pure et simple des faits; mais presque toujours nous les subordonnons à notre imagination, nous les adaptons à notre manière de voir, et nous nous engageons dans de fausses routes : l'amour-propre nous fournit ensuite toutes sortes de moyens pour ne pas revenir sur nos pas ; nous attirons dans le sentier de l'erreur tous ceux qui viennent après nous ; et ce n'est qu'après bien du temps perdu, ce n'est qu'après s'être épuisé en vaines conjectures, ce n'est qu'après s'être bien convaincu qu'il nous est impossible de plier la nature à nos caprices et à nos délires, que quelque bon esprit se dégage des liens dans lesquels on l'avoit enlacé; il revient sur ses pas, consulte de nouveau l'expérience, et ne marche qu'autant qu'elle le pousse.

Nous pouvons dire, à la louange de quelques-uns de nos contemporains, qu'on discute aujourd'hui les faits avec une logique plus sévère; et c'est à cette méthode plus rigoureuse de travail et de discussion que nous devons rapporter les progrès rapides de la chymie. C'est par une suite de cette marche dialectique qu'on est parvenu à s'emparer de tous les principes qui se combinent ou se dégagent dans les opérations de l'art et de la nature, à tenir compte de toutes les circonstances qui ont une influence plus ou moins marquée sur les résultats , à déduire des conséquences simples et naturelles de tous les faits , et à créer une science aussi rigoureuse dans ses principes que sublime dans ses applications.

C'est donc le moment de dresser un tableau fidèle de l'état actuel de la chymie , et de recueillir à cet effet , dans les nombreux écrits des chymistes modernes , tout ce qui peut servir à poser les fondemens de cette belle science.

Il y a peu d'années qu'il étoit possible de présenter en peu de mots tout ce qui étoit connu sur la chymie ; il suffisoit alors d'indiquer les moyens d'exécuter quelques opérations pharmaceutiques ; les procédés des arts étoient presque tous enveloppés de ténèbres , les phénomènes de la nature étoient des énigmes ; et ce n'est que lorsqu'on a commencé à lever le voile , qu'on a vu se développer un ensemble de faits et de recherches qui se rapportoient à des principes généraux , et annonçoient une science toute nouvelle : alors tout a été repris , tout a été revu : des hommes de génie se sont occupés de la chymie ; chaque pas les a rapprochés de la vérité ; et , en quelques années , on a vu sortir de cet ancien cahos une doctrine lumineuse. Tout a paru reconnoître les loix qu'on établissoit ; les phénomènes des arts et de la nature ont été également bien expliqués.

Mais pour avancer à grands pas dans la carrière qui a été ouverte, il est nécessaire de faire connoître quelques principes sur lesquels nous pouvons établir notre marche.

Je crois d'abord qu'il est convenable de se soustraire à cet usage importun, qui assujettit quelqu'un qui étudie une science au pénible emploi de rapprocher toutes les opinions avant de se décider. En effet, les faits sont de tous les temps, ils sont immuables comme la nature dont ils sont le langage ; mais les conséquences doivent varier selon l'état des connoissances acquises. Il est vrai, par exemple, pour l'éternité, que la combustion du soufre donne de l'acide sulfurique : on a pu croire pendant quelque temps que cet acide étoit contenu dans le soufre ; mais nos découvertes sur la combustion des corps ont dû nous faire déduire une théorie très-différente de celle qui s'étoit présentée aux premiers chymistes. Nous devons donc nous attacher principalement aux faits, nous ne devons même nous attacher qu'à eux, parce que l'explication qu'on leur a donnée dans des temps éloignés, est rarement au niveau de nos connoissances actuelles.

Les faits nombreux dont la chymie s'est successivement enrichie, forment un premier embarras pour celui qui veut étudier les élémens de cette science : en effet, que sont les élémens d'une science ? L'énoncé clair, simple et succint des vérités qui en font la base. Il faut donc, pour remplir pleinement son but, analyser tout ce qui est fait, et en présenter un extrait fidèle et raisonné ; mais cette méthode est impraticable par rapport aux détails nombreux et aux discussions infinies dans lesquelles on s'engageroit ; et la seule marche qu'il me paroît qu'on doit suivre, c'est de ne présenter que les expériences les plus décisives, celles qui sont le moins contestées, et de négliger celles qui sont douteuses ou peu concluantes : car une expérience bien faite établit une vérité aussi incontestablement, que mille également avérées.

Lorsqu'une proposition se trouve appuyée sur des faits suspects ou combattus, lorsque des théories opposées se fondent sur des expériences contradictoires, il faut avoir le courage de les discuter, de les répéter, et de s'assurer par soi-même de la vérité. Mais lorsque cette voie de conviction nous est interdite, on doit peser le degré de confiance que méritent les défenseurs des faits opposés, examiner si des faits analogues ne portent pas à adopter tel ou tel résultat, et présenter son sentiment avec la modestie et la circonspection qui conviennent à des opinions plus ou moins probables.

Lorsqu'une doctrine nous paroît établie sur

des

des expériences suffisantes, il nous reste encore
à en faire l'application aux phénomènes de la
nature et des arts ; c'est, à mon avis, la pierre
de touche la plus sure pour distinguer des principes vrais de ceux qui ne le sont pas. Et du
moment que je vois tous les phénomènes se réunir
et se plier, pour ainsi dire, à une théorie, je
conclus que c'est là l'expression et le langage de
la vérité : lorsque je vois, par exemple, que la
plante peut se nourrir d'eau pure, que les métaux
s'oxident dans l'eau, que les acides se forment
dans les entrailles de la terre, ne suis-je pas en
droit de conclure que l'eau se décompose ? Et
les faits chymiques qui me rendent témoin de sa
décomposition dans nos laboratoires ne reçoivent-
ils pas une nouvelle force par l'observation de
ces phénomènes ? Je crois donc qu'on doit se
piquer de faire concourir ces deux genres de
preuves : et un principe déduit d'une expérience,
n'est à mes yeux démontré qu'autant que j'en
vois des applications bien naturelles aux phénomènes de l'art et de la nature. Ainsi, si je me
trouve combattu entre des systêmes opposés, je
me déciderai pour celui dont l'expérience et les
principes s'adaptent naturellement et sans effort au
plus grand nombre de phénomènes. Je me mé-
fierai toujours d'un fait isolé qui ne s'applique à
rien ; et je le réputerai faux, si je le vois en oppo-

Tome I. D

sition avec les phénomènes que la nature nous présente.

Il me paroît encore qu'un homme qui se propose d'étudier ou même d'enseigner la chymie, ne doit point chercher à connoître tout ce qui a été fait sur chaque matière, et à suivre la marche pénible de l'esprit humain depuis l'origine d'une découverte jusqu'à nos jours. Cette érudition fastueuse est fatigante pour un élève ; et ces digressions, ne doivent être permises dans les sciences positives, que lorsque les détails historiques nous présentent des traits piquans, ou nous élèvent par degrés et sans interruption jusqu'à l'état actuel de nos connoissances : mais rarement ces sortes de recherches et cette espèce de généalogie nous présentent ces caractères. Il ne nous est pas plus permis en général de rapprocher et de discuter tout ce qui a été fait sur une science, qu'à celui qui, avant d'indiquer le chemin le plus sûr et le plus court pour parvenir à un terme, disserteroit longuement sur toutes les routes qui ont été successivement pratiquées et sur celles qui existent encore. Il en est peut-être de l'histoire des sciences, sur-tout de celle de la chymie, comme de celle des peuples : elle nous éclaire rarement sur l'état présent, nous présente beaucoup de fables sur le passé, nécessite des discussions sur tout ce qu'elle annonce, et suppose une étendue de connoissances étrangères et indépendantes du but qu'on se propose dans l'étude des élémens de la chymie.

Ces principes généraux sur l'étude de la chymie une fois établis, on peut ensuite procéder de deux manières dans l'examen chymique des corps, ou bien aller du simple au composé, ou descendre du composé au simple. Ces deux méthodes ont des inconvéniens, mais le plus grand sans doute qu'on éprouve en suivant la première, c'est qu'en commençant par les corps simples on présente des substances que la nature ne nous offre que rarement dans cet état de simplicité et de nudité, et l'on est forcé de cacher la suite d'opérations qui a été employée pour dépouiller ces mêmes corps de leurs liens et les ramener à cet état élémentaire. D'un autre côté, si on présente les corps tels qu'ils sont, il est difficile de parvenir à les bien connoître, parce que leur action réciproque, et en général la plupart de leurs phénomènes, ne peuvent être saisis que d'après la connoissance exacte de leurs principes constituans, puisque c'est d'eux seuls qu'ils dépendent.

Après avoir bien pesé les avantages et les inconvéniens de chaque méthode, nous préférons la première. Nous commencerons donc par faire connoître les divers corps dans leur état le plus élémentaire, ou réduits à ce terme au-delà duquel

D 2

l'analyse ne peut rien. Et, lorsque nous en aurons appris les diverses propriétés, nous combinerons ces corps entre eux, ce qui nous donnera la classe des composés simples; et nous nous éleverons par degrés jusqu'à la connoissance des corps et des phénomènes les plus compliqués. Nous observerons de ne procéder dans l'examen des divers corps que nous soumettrons à nos recherches, qu'en allant du connu à l'inconnu. Nous commencerons donc par nous occuper des substances élémentaires. Mais, comme il nous seroit impossible de parler en ce moment de toutes les substances que l'état actuel de nos connoissances nous force de regarder comme élémentaires, nous nous bornerons à faire connoître celles qui jouent le plus grand rôle sur ce globe, celles qui y sont le plus généralement répandues, celles qui entrent comme principe dans la composition des réactifs les plus employés dans nos opérations, celles en un mot que nous trouvons à chaque pas dans l'examen et l'analyse des corps qui composent ce globe : la *lumière*, le *calorique*, le *soufre*, le *carbone* sont de ce nombre. La lumière modifie toutes nos opérations et concourt puissamment à la production de tous les phénomènes qui appartiennent aux corps morts ou vivans. Le calorique réparti d'une manière inégale entre tous les corps de cet univers, établit leurs divers degrés de consistance et de fixité, et c'est un des grands moyens que l'art et la nature emploient pour diviser les corps, les volatiliser, affoiblir leur force d'adhésion, et par-là les préparer et les disposer à l'analyse. Le soufre existe dans les produits des trois règnes ; il forme le radical d'un des acides les mieux connus et des plus employés ; il présente des combinaisons intéressantes avec la plupart des substances simples ; et sous ces divers rapports, c'est une des substances dont la connoissance devient nécessaire dès les premiers pas qu'on fait dans la science. Il en est de même du carbone, c'est le produit fixe le plus abondant qu'on trouve dans les végétaux et les animaux ; l'analyse l'a découvert dans quelques substances minérales, sa combinaison avec l'oxigène est si commune dans les corps et dans les opérations de l'art et de la nature, qu'il n'est presque pas de phénomène qui ne nous la présente et qui conséquemment n'en suppose la connoissance. D'après toutes ces raisons, il nous a paru que pour avancer dans la chymie, il falloit assurer nos premiers pas sur la connoissance des substances dont nous venons de parler ; et nous ne nous occuperons des autres substances simples ou élémentaires qu'à mesure qu'elles se présenteront.

SECTION IV.

Des substances simples ou élémentaires.

Si nous jettons un coup-d'œil sur les systêmes qui ont été successivement formés par les philosophes relativement au nombre et à la nature des élémens, nous serons étonnés de la variété prodigieuse qui règne dans leur manière de voir. Dans les premiers temps, chacun paroît avoir pris son imagination pour guide ; et nous ne trouvons aucun système raisonnable jusqu'au temps où *Aristote* et *Empédocle* reconnurent pour élémens, l'air, l'eau, la terre et le feu. Leur manière de voir a été celle de plusieurs siècles : et il faut convenir que leur opinion étoit bien faite pour captiver tous les esprits : en effet, on voyoit des masses énormes et des magasins inépuisables de ces quatre principes, où la destruction ou décomposition des corps paroissoit rapporter tous les principes que la formation ou la création en avoit tirés. L'autorité de tous ces grands hommes qui avoient adopté ce système, l'analyse des corps qui ne présentoit que ces quatre principes, étoient des titres bien suffisans pour faire admettre une telle doctrine.

Mais du moment que la chymie s'est crue assez

avancée pour connoître les principes des corps, elle a prétendu devoir marquer elle - même le nombre, la nature et le caractère des élémens; et elle a regardé comme principe simple ou élémentaire tout ce qui se refusoit à ses voies de décomposition. En prenant ainsi pour élémens le terme de l'analyse, leur nombre et leur nature doivent varier selon les révolutions et les progrès de la chymie : c'est ce dont on peut s'assurer en consultant tous les chymistes qui ont écrit sur cette matière depuis *Paracelse* jusqu'à nous. Il faut convenir que c'est beaucoup hasarder que de prendre le terme de l'artiste pour celui du créateur, et de s'imaginer que l'état de nos connoissances est un état de perfection.

La dénomination d'*élémens* devroit donc être effacée d'une nomenclature chymique, ou du moins on ne devroit la considérer que comme faite pour exprimer le dernier degré de nos résultats analytiques; et c'est sous ce point de vue que nous l'envisagerons.

CHAPITRE PREMIER.

Du Calorique.

LE principal agent que la nature emploie pour balancer le pouvoir et l'effet naturel de l'attraction, c'est le calorique. Par l'effet naturel de l'attraction, nous n'aurions que des corps solides et compactes ; mais le calorique dispersé inégalement dans les corps tend sans cesse à rompre cette adhésion des molécules, et c'est à lui que nous devons cette variété de consistance sous laquelle se présentent les corps à nos yeux. Les diverses substances qui composent cet univers sont donc soumises, d'un côté à une loi générale qui cherche à les rapprocher, de l'autre à un agent puissant qui tend à les éloigner l'une de l'autre : c'est de l'énergie respective de ces deux forces que dépend la consistance de tous les corps. Lorsque l'affinité prévaut, ils sont à l'état solide : ils sont à l'état gazeux lorsque le calorique domine ; et l'état liquide paroît être le point d'équilibre entre ces deux puissances.

Il importe donc essentiellement de parler du calorique, puisqu'il joue un si beau rôle dans cet univers, et qu'il est impossible de s'occuper d'un corps quelconque sans reconnoître l'influence de cet agent.

Lorsqu'on chauffe un métal ou un liquide, ces corps se dilatent en tout sens, se réduisent en vapeur, et finissent par disparoître à la vue si on leur applique une plus forte chaleur.

Les corps qui se sont emparés du principe de la chaleur, l'abandonnent avec plus ou moins de facilité. Si on observe attentivement un corps qui se refroidit, on verra un léger mouvement d'ondulation dans l'air qui l'entoure, et l'on peut comparer cet effet au phénomène que nous présente le mélange de deux liqueurs de densité et de pesanteur inégales.

Il est difficile de concevoir ce phénomène, sans admettre un fluide particulier qui passe d'abord du corps qui chauffe à celui qui est chauffé, se combine avec le dernier, y produit les effets dont nous venons de parler, et s'échappe ensuite pour s'unir à d'autres corps, selon ses affinités et la loi de l'équilibre vers lequel tendent tous les fluides.

Ce fluide de la chaleur que nous appellons *calorique*, est contenu en plus ou moins grande quantité dans les corps, selon les divers degrés d'affinité qu'il a avec eux.

On peut employer divers moyens pour dé-

placer ou chasser le calorique : le premier, c'est
par la voie des affinités ; par exemple, l'eau
versée sur l'acide sulfurique chasse la chaleur
et prend sa place : et, tant qu'il y a dégagement
de chaleur, le volume du mélange ne s'accroît
pas en proportion des substances mélangées,
ce qui annonce *pénétration* : on ne peut la concevoir qu'en admettant que les parties intégrantes
de l'eau prennent la place du calorique à mesure
qu'il se dissipe. Le second moyen de précipiter
le calorique est le frottement et la compression :
dans ce cas, on l'exprime comme on exprime
l'eau d'une éponge. A la vérité toute la chaleur
qui peut être produite par le frottement, n'est
pas fournie par le corps lui-même, parce qu'à
mesure que la chaleur intérieure se développe,
l'air extérieur agit sur le corps, le calcine, l'enflamme et donne lui-même de la chaleur en se
fixant. La fermentation, et en général toute opération chymique qui change la nature des corps,
peut en dégager le calorique, parce que le nouveau composé peut en demander et en recevoir
une plus ou moins grande quantité, ce qui fait
que les opérations produisent tantôt du froid,
tantôt du chaud.

Examinons à présent sous quelle forme se présente le calorique.

Ce fluide se dégage dans un état de liberté ou dans un état de combinaison.

Dans le premier cas, le calorique cherche toujours à se mettre en équilibre, non qu'il se distribue également dans tous les corps, mais il s'y répartit d'après ses degrés d'affinité avec eux ; d'où il suit que les corps *embians* en prennent et retiennent une quantité plus ou moins considérable ; les métaux se pénètrent aisément de ce fluide et le transmettent de même, les bois et les parties animales reçoivent jusqu'au degré de la combustion, les liquides jusqu'à ce qu'ils soient réduits en vapeurs ; la glace seule absorbe toute la chaleur qu'on lui fournit sans en communiquer jusqu'à ce qu'elle soit fondue.

On ne peut apprécier le degré de chaleur que par ses effets : les instrumens qui ont été successivement inventés pour les calculer, et qui sont connus sous les noms de *thermomètres*, *pyromètres*, &c. ont été appliqués à déterminer rigoureusement les divers phénomènes que nous présente l'absorption du calorique dans les divers corps.

La dilatation des liqueurs ou des métaux fluides par les divers degrés de chaleur, a été long-temps mesurée par les seuls thermomètres de verre ; mais cette matière très - fusible ne pouvoit évaluer

que les degrés de chaleur inférieurs au d...
fusion du verre lui-même.

On a proposé successivement divers...
pour calculer les plus hauts degrés de...
Leidenfrost a remarqué que plus un...
chaud, plus les gouttes d'eau qu'on y...
s'évaporent lentement : il a trouvé...
pour consumer, ou évaporer sur un...
versé dans une cuiller de fer rougie au...
de l'eau bouillante... s'évapore presque...
une pareille goutte, versée sur du fer...
se dissipe en 6... et sur du fer rouge...
Ziegler... *specimen de digestore papini*...
qu'il falloit 80... secondes à une goutte...
l'huile s'évapora en 5... décen...
et... en une seconde avant que le...
phénomène, plus intéressant pour...
que pour la physique... que les...
toujours des résultats... cependant...
calculés rigoureusement, ont paru dépend...
l'adhésion et de la décomposition de l'eau...

...omètre le plus rigoureux dont...
...onnoissance, est celui qui a été...
...rie royale de Londres, par *Wedgw...*
...est construit sur le principe que l'argile...
plus pure prend au feu un *retrait* proportionnel

à la chaleur qu'on lui applique : ce pyromètre consiste en deux parties, l'une qu'on appelle *jauge* et qui sert à mesurer les degrés de diminution ou de retrait, l'autre comprend de petites pièces d'argille pure qu'on appelle *pièces à thermomètre*.

La jauge est formée par une plaque de terre cuite sur laquelle sont appliquées deux règles de même matière : ces règles parfaitement droites et unies, offrent un écartement d'un demi-pouce à un des bouts, et de trois dixièmes de pouce à l'autre; pour plus grande commodité on a coupé la jauge par le milieu, et on ajuste les deux pièces quand on veut s'en servir : on a divisé la longueur de cette règle en 240 parties égales, dont chacune représente un dixième de pouce.

Pour former les pièces à thermomètre, on tamise la terre avec la plus grande attention, on la mêle ensuite avec de l'eau, et on fait passer cette pâte à travers un tuyau de fer, ce qui lui donne la forme de bâtons longs que l'on découpe après en pièces de grandeur convenable. Quand les pièces sont sèches, on les présente à la jauge, et il faut qu'elles s'adaptent au o de l'échelle. Si, par l'inadvertance de l'ouvrier, quelque pièce pénètre à un ou deux degrés plus

loin , ce degré est marqué sur son fond , et doit
se déduire lorsqu'on se sert de cette pièce pour
mesurer la chaleur. Les pièces ainsi ajustées sont
cuites dans un four à une chaleur rouge pour leur
donner la consistance nécessaire au transport. La
chaleur employée dans ce travail, est communé-
ment de 6 degrés ou environ ; les pièces en sont
diminuées plus ou moins ; mais peu importe dès
qu'on doit les soumettre à un degré de chaleur
supérieur à celui qu'elles ont éprouvé ; et si , par
événement , on veut mesurer un degré de chaleur
inférieur , on emploie des pièces non cuites qu'on
conserve, dans des gazettes ou étuis pour éviter
le frottement.

Lorsqu'on veut se servir de ce pyromètre , on
expose une des pièces dans le foyer dont on veut
prendre la chaleur ; et , lorsqu'on juge qu'elle en
a éprouvé toute l'intensité , on la retire et on
la laisse refroidir , ou bien on la plonge dans
l'eau pour faciliter le refroidissement ; on la présente à la jauge et on détermine aisément le retrait
qu'elle a éprouvé. *Wedgwood* nous a donné le résultat de quelques expériences faites avec son pyromètre , et a mis à côté les degrés correspondans
de *Farheneit.*

	Pyromètre de Wedgwood.	Thermomètre de Farheneit.
La chaleur rouge visible au jour.	O	1077
Le cuivre jaune se fond à .	21	1857
Le cuivre suédois se fond à	27	4587
L'argent pur se fond à . .	28	4717
L'or pur se fond à	32	5237
		5237
La chaleur des barres de fer *plus petite.* chauffées au point de pou- voir s'incor- *plus grande.* porer.	90	12777
	95	13427
La chaleur la plus grande que nous ayons pu pro- duire dans la forge d'un maréchal ferrant.	125	17327
La fonte entre en fusion à.	130	17977
La plus grande chaleur que j'aie produite dans un fourneau à vent de huit pouces quarrés.	160	21877

Ces divers thermomètres n'étoient point applicables à tous les cas : nous ne pouvions pas, par exemple, calculer rigoureusement la chaleur qui s'échappe des corps vivans, et prendre d'une manière précise la température d'un corps quelconque : mais *Laplace* et *Lavoisier*, (*académie des sciences*, *1780*) nous ont fait connoître un ap-

pareil qui paroît ne plus rien laisser à desirer ;
il est construit sur le principe que la glace absorbe toute la chaleur sans la communiquer jusqu'à ce qu'elle soit fondue : ainsi , d'après cela
on peut calculer les degrés de chaleur commu-
niqués par la quantité de glace fondue. Il s'a-
gissoit , pour avoir des résultats rigoureux , de
trouver le moyen de faire absorber par la glace
toute la chaleur qui se dégage des corps , de
soustraire la glace à l'action de toute autre substance qui pourroit en faciliter la fonte , de ra-
masser toute l'eau provenant de cette même
fonte.

L'appareil qu'ont fait construire à cet effet
nos deux célèbres académiciens , consiste dans
trois corps circulaires presque inscrits les uns
dans les autres , de sorte qu'il en résulte trois
capacités : la capacité intérieure est formée par
un grillage de fil de fer soutenu par quelques
montans de même métal ; c'est dans cette capacité que l'on place les corps soumis à l'expérience ; la partie supérieure se ferme au moyen
d'un couvercle : la capacité moyenne est destinée
à contenir la glace qui environne la capacité intérieure ; cette glace est supportée et retenue par
une grille sous laquelle est un tamis ; à mesure
que la glace fond , l'eau coule à travers la grille
et le tamis , et se rassemble dans un vase posé
dessous :

dessous : la capacité extérieure contient la glace qui doit arrêter l'effet de la chaleur du dehors.

Pour mettre cette belle machine en expérience, on remplit de glace pilée la capacité moyenne et le couvercle de la sphère intérieure ; on en fait autant à la capacité extérieure, de même qu'au couvercle général de toute la machine ; on laisse égoutter la glace intérieure, et lorsqu'elle ne donne plus d'eau, on ouvre le couvercle de la capacité intérieure, pour y introduire le corps qu'on veut mettre en expérience, et on ferme sur le champ ; on attend que le corps soit porté au degré de chaleur o, température ordinaire de la capacité intérieure, et on pèse la quantité d'eau qui est produite ; ce poids mesure exactement la chaleur dégagée de ce corps, puisque la fonte de la glace n'est que l'effet de cette chaleur. Les expériences de ce genre durent 15, 18, 20 heures.

Il est essentiel que dans cette machine il n'y ait aucune communication entre la capacité moyenne et la capacité externe.

Il est encore nécessaire que la chaleur de l'air ne soit pas sous o, puisqu'alors la glace intérieure recevroit un froid sous o.

La chaleur spécifique n'est que le rapport de quantité de chaleur nécessaire pour élever d'un même nombre de degrés la température des corps

Tome I. E

qu'on compare à égalité de masse : ainsi, si l'on veut avoir la chaleur spécifique d'un corps solide, on élevera sa température d'un nombre quelconque de degrés ; on le placera promptement dans la sphère intérieure, et on l'y laissera jusqu'à ce que sa température soit réduite à o. On recueillera l'eau, et cette quantité divisée par le produit de la masse du corps et du nombre de degrés dont sa température primitive étoit au-dessus de o, sera proportionnelle à sa chaleur spécifique.

Quant aux fluides, on les enfermera dans des vases dont on aura déterminé la chaleur ; et l'opération sera la même que pour les solides, à cela près qu'il faudra soustraire de la quantité de glace fondue la quantité que la chaleur du vase a fait fondre.

Si on veut connoître la chaleur qui se dégage dans la combinaison de plusieurs substances, on les réduit toutes, ainsi que les vases qui doivent les renfermer, à o ; on met le mélange dans la sphère intérieure, et la quantité d'eau recueillie est la mesure de la chaleur qui a été dégagée.

Pour déterminer la chaleur de la combustion et de la respiration, comme le renouvellement de l'air est indispensable dans ces deux opérations, il est nécessaire d'établir une communi-

cation entre l'intérieur de la sphère et l'atmosphère qui l'environne ; et pour que l'introduction
d'un nouvel air ne cause aucune erreur sensible,
il faut faire les expériences à une température peu
différente de o, ou du moins réduire à cette température l'air que l'on introduit.

Pour déterminer la chaleur d'un gaz, il faut
établir un courant par l'intérieur de la sphère,
et placer deux thermomètres, l'un à l'entrée et
l'autre à la sortie : par les degrés comparés de ces
deux instrumens, on juge du froid qu'ils prennent,
et on évalue la glace fondue.

On peut consulter dans l'excellent Mémoire de
Laplace et *Lavoisier*, les résultats des expériences
qu'ils ont faites : ce que je viens de dire n'est qu'un
extrait de leur superbe travail.

Les divers procédés usités pour mesurer la
chaleur, sont établis sur le principe général que
les corps absorbent le calorique en plus ou moins
grande quantité : si ce fait n'étoit pas une vérité
généralement convenue, nous pourrions l'étayer
sur les trois faits suivans. *Francklin* ayant exposé des morceaux d'étoffe de même tissu, mais
de diverses couleurs, sur de la neige, apperçut,
quelques heures après, que le rouge étoit en-
foncé dans la neige, tandis que le blanc n'avoit
souffert aucune dépression. *Saussure* observe que
les paysans des montagnes de la Suisse s'empressent

E 2

de répandre de la terre noire sur les terres couvertes de neige, lorsqu'ils veulent la fondre pour
les ensemencer. Les enfans brûlent un chapeau
noir au foyer d'une loupe, qui chauffe à peine
un chapeau blanc.

Tels sont à-peu-près les phénomènes que
nous présente le calorique, lorsqu'il se dégage dans
un état de liberté : voyons ceux qu'il nous offre
lorsqu'il s'échappe dans un état de combinaison.

Le calorique se dégage quelquefois dans un état
de simple mélange, et c'est ce qui constitue les
vapeurs, les *sublimations*, &c. Si on applique le
calorique à de l'eau, ces deux fluides s'uniront et
le mélange se dissipera dans l'atmosphère ; mais
ce seroit abuser des mots que d'appeller *combi-*
naison une union aussi foible, car dès que le
calorique trouve à se combiner avec d'autres corps,
il abandonne l'eau qui repasse à l'état liquide ;
ce corps vaporisé entraîne sans cesse une portion
de chaleur, et de-là peut-être l'avantage de la transpiration, de la sueur, &c.

Mais très-souvent le calorique contracte une
union vraiment chymique avec les corps qu'il
volatilise ; cette combinaison est même si parfaite, que la chaleur n'y est pas sensible ; elle
est neutralisée par le corps avec lequel elle s'est
combinée, et on l'appelle alors *chaleur latente,*
calor latens.

Nous pouvons réduire aux deux principes suivans, les divers cas dans lesquels le calorique se combine.

PREMIER PRINCIPE. *Tout corps qui passe de l'état solide à l'état liquide, absorbe une portion de calorique.*

Les académiciens de Florence remplirent un vase de glace pilée, et y plongèrent un thermomètre qui descendit à o ; on mit le vase dans l'eau bouillante, le thermomètre ne bougea point pendant le temps que fondit la glace : donc la fonte de la glace absorbe du calorique.

Wilke a versé une livre d'eau chaude au soixantième degré sur une livre de glace, le mélange fondu a marqué o : il s'est donc combiné soixante degrés de calorique.

Landriani a prouvé que la fusion des métaux, du soufre, du phosphore, de l'alun, du nitre, &c. absorboit du calorique.

Il se produit du froid dans la dissolution de tous les sels : *Réaumur* a fait une suite d'expériences très-intéressantes à ce sujet ; elles confirment celles de *Boyle*. *Farheneit* a fait descendre le thermomètre à 40, en fondant la glace par l'acide nitrique très-concentré ; mais les expériences les plus étonnantes sont celles qui ont été faites par *Thomas Beddoes*, médecin, et *Walker*, apothicaire à *Oxford*, et publiées dans les Transactions philosophiques pour l'année 1787. Les mélanges qui leur ont produit les plus hauts degrés de froid, sont, 1°. onze parties muriate d'ammoniaque, dix nitrate de potasse, seize sulfate de soude, trente-deux pesant d'eau : les deux premiers sels doivent être secs et en poudre ; 2°. l'acide nitrique, le muriate d'ammoniaque, le sulfate de soude mêlés ensemble, font baisser le thermomètre à 8 sous o. *Walker* a gelé le mercure sans glace ni neige.

C'est donc un principe incontestable, que tout corps qui passe de l'état solide à l'état liquide, absorbe du calorique et le retient dans une combinaison si exacte, qu'il ne donne aucun signe de chaleur ; c'est ce qu'on appelle *chaleur fixée, neutralisée, latente.*

SECOND PRINCIPE. *Tout corps, en passant de l'état solide ou liquide à l'état aériforme, absorbe du calorique, et ce corps n'est mis et soutenu à cet état que par ce calorique.*

C'est sur ce principe qu'est fondé le procédé usité dans la Chine, l'Inde, la Perse et l'Egypte pour rafraîchir les liqueurs employées à la boisson : on met l'eau qu'on veut boire dans des vaisseaux très-poreux, et on les expose au soleil ou au courant d'un vent chaud pour rafraîchir la liqueur qu'ils contiennent : c'est par des moyens semblables qu'on se procure des boissons fraîches dans les longues caravanes. On peut voir des détails intéressans à ce sujet dans les écrits de *Chardin*, *tome III de ses Voyages*, *édit. 1723* ; de *Tavernier*, *tome premier de ses Voyages*, *édit. 1738* ; de *Paul Lucas*, *tome II de ses Voyages*, *édit. 1724* ; du *P. Kircher*, *Mundus subterr. lib. VI*, *sect. II*, *cap. II*.

Nous pouvons conclure des expériences de *Richmann*, faites en 1747, et consignées dans le tome premier de l'Académie impériale de Pétersbourg, 1°. qu'un thermomètre qu'on retire de l'eau et qu'on expose à l'air descend toujours, lors même que sa température est égale ou supérieure à celle de l'eau ; 2°. qu'il remonte ensuite jusqu'à ce qu'il soit parvenu au degré de la température de l'atmosphère ; 3°. que le temps qu'il emploie à descendre est moins long que celui qu'il met à remonter ; 4°. que, lorsque le thermomètre retiré de l'eau est parvenu au degré de la température ordinaire, la boule est sèche, et qu'elle est humide tant qu'elle est au-dessous de ce degré.

A ces conséquences nous ajouterons celles que le célèbre *Cullen* a déduites de plusieurs expériences très-curieuses : 1°. un thermomètre suspendu dans la machine pneumatique descend de deux à trois degrés à mesure qu'on pompe l'air, et remonte ensuite à la température du vuide ; 2°. un thermomètre plongé sous la machine pneumatique dans l'alkool descend toujours, d'autant plus que les bulles qui sortent de l'alkool sont plus fortes ; si on le retire de cette liqueur et qu'on le suspende tout mouillé sous la cloche, il descend de huit à dix degrés, à mesure qu'on pompe l'air.

On sait que si on enveloppe la boule d'un thermomètre d'un linge fin, qu'on l'arrose d'éther et qu'on en facilite l'évaporation par l'agitation dans l'air, le thermomètre descend à o.

L'immortel *Franklin* a éprouvé sur lui-même que lorsque le corps sue, il est moins chaud que les corps embians, et que la sueur détermine toujours quelque degré de froid. *Voyez sa Lettre au Docteur Lining.*

Le grand nombre de travailleurs ne supporte les chaleurs brûlantes dans nos climats qu'en suant beaucoup, et ils fournissent matière à cette sueur par une boisson copieuse : les ouvriers employés dans les verreries, les fonderies, &c. vivent souvent dans un milieu plus chaud que leur corps qui est entretenu à une chaleur égale et modérée par la sueur.

Si on augmente l'évaporation par l'agitation de l'air, on rafraîchit davantage : de-là l'usage des éventails, des ventilateurs, &c. qui, quoique destinés à imprimer du mouvement à un air chaud, lui donnent la vertu de rafraîchir en facilitant et favorisant l'évaporation.

L'air chaud et sec est le plus propre à former un courant d'air rafraîchissant, parce qu'il est le plus propre à dissoudre et à absorber l'humidité ; l'air humide est le moins convenable, parce qu'il est déjà saturé.

De-là la nécessité de renouveller souvent l'air pour conserver la fraîcheur de nos appartemens.

Ces principes ont plus de rapport à la médecine qu'on ne pense : on voit presque toutes les fièvres se terminer par les sueurs qui, outre l'avantage de pousser au dehors la matière morbifique, ont encore celui de charrier la matière de la chaleur et de ramener le corps à sa température ordinaire : le médecin qui cherche à modérer l'excès de chaleur dans un corps malade, doit ménager dans l'air la disposition la plus favorable pour remplir ses vues.

L'usage de l'alkali volatil est généralement reconnu pour être avantageux dans la brûlure, la douleur aux dents, &c. Ne peut-on pas attribuer ces effets à la volatilité de cette substance, qui, se combinant promptement avec le calorique,

s'exhale avec lui et laisse une impression de froid?
L'éther est souverain pour calmer les douleurs de
colique ; pourquoi cette vertu ne tiendroit-elle
pas aux mêmes principes ?

On peut obtenir la chaleur qui s'est combinée
avec les corps qu'on a fait passer de l'état solide
à l'état liquide, ou de ce dernier à l'état aériforme,
en faisant repasser ces dernières substances à l'état
liquide ou à l'état concret : en un mot , tout
corps qui passe de l'état liquide à l'état solide,
laisse échapper le calorique , qui devient en ce
moment *chaleur libre ou thermométrique.*

En 1724 , le célèbre *Farheneit* ayant laissé de
l'eau exposée à un froid plus fort que celui de la
glace , l'eau resta fluide ; mais en l'agitant elle se
gela , et le thermomètre qui marquoit quelques
degrés sous la glace monta à la glace. *Treiwald*
consigna un fait semblable dans les Transactions
philosophiques , et *de Ratte* a fait la même observation à Montpellier.

Baumé a prouvé , dans ses recherches et expériences sur plusieurs phénomènes singuliers que
l'eau présente au moment de la congélation , qu'il
se développe toujours quelques degrés de chaleur
au moment de la congélation.

Les substances gazeuses ne sont tenues à l'état
aériforme que par le calorique qui leur est combiné ; et lorsqu'on présente à ces substances

ainsi dissoutes dans le calorique un corps avec lequel leur affinité est très-marquée, elles abandonnent le calorique pour s'unir à lui ; le calorique ainsi chassé ou dégagé, paroît sous forme de *chaleur libre* ou *thermométrique*. Ce dégagement de chaleur par la concrétion ou fixation des substances gazeuses, a été observé par le célèbre *Scheele*, comme on peut le voir dans les belles expériences qui font la base de son *traité chymique sur l'air et le feu*. Depuis ce grand homme, on a calculé rigoureusement la quantité de calorique qui se trouve dans chacun de ces gaz, et nous devons, à ce sujet, de superbes recherches à *Black, Crawfort, Wilke, Laplace, Lavoisier, &c.*

CHAPITRE II.

De la Lumière.

IL paroît que la lumière est transmise à nos yeux par un fluide particulier qui remplit l'intervalle qui est entre nous et les corps apparens.

Ce fluide parvient-il directement du soleil, et nous vient-il par des émissions et irradiations successives ? Ou bien est-ce un fluide particulier répandu dans l'espace et mis en jeu par le mouvement de rotation du soleil ou par toute autre cause ? Je n'entrerai dans aucune discussion à ce sujet ; je me bornerai à en indiquer les phéno-mènes.

A. Le mouvement de la lumière est si rapide, qu'il parcourt à-peu-près quatre-vingt mille lieues par seconde.

B. L'élasticité des rayons de lumière est telle, que l'angle de réflexion égale l'angle d'in-cidence.

C. Le fluide de la lumière est pesant, puisque si on reçoit un rayon par un trou pratiqué au volet d'une fenêtre, et qu'on lui présente la lame d'un couteau, le rayon se détourne de la ligne droite, et s'incline vers le corps, ce qui annonce qu'il obéit à la loi d'attraction, et cela suffit pour le faire classer parmi les autres corps de la nature.

D. Le grand *Newton* est parvenu à décompo-ser la lumière solaire en sept rayons primitifs qui se présentent dans l'ordre suivant : le rouge, l'o-rangé, le jaune, le vert, le bleu, le pourpre, le violet. Les teintures ne nous présentent que trois couleurs primitives, qui sont le rouge, le bleu et le jaune : la combinaison et les proportions de ces trois principes forment toutes les nuances de cou-leur dont les arts se sont enrichis. Des physiciens ont soutenu que parmi les sept rayons solaires, il n'y avoit que trois couleurs primitives. *Voyez les recherches de Marat.*

On peut considérer tous les corps de la nature comme des prismes qui décomposent ou plutôt divisent la lumière : les uns renvoient les rayons sans y produire aucun changement, c'est ce qui forme le blanc ; d'autres les absorbent tous, ce qui fait le noir absolu : l'affinité plus ou moins marquée de tel ou tel rayon avec tel ou tel corps, peut-être même la diverse disposition des pores, fait sans doute que lorsqu'un faisceau de lumière tombe sur un corps, tel rayon se combine, tandis que les autres sont réfléchis ; c'est ce qui donne cette diversité de couleurs et la prodigieuse variété de nuances dont se peignent à nos yeux les divers corps de la nature.

On ne doit pas se borner aujourd'hui à regarder la lumière comme un être purement physique : le chymiste s'est apperçu de son influence dans la plupart de ses opérations ; il doit aujourd'hui tenir compte de l'action de ce fluide qui modifie ses résultats, et son empire n'est pas moins établi dans les divers phénomènes de la nature que dans ceux de nos laboratoires.

Nous voyons qu'il n'y a pas de parfaite végétation sans lumière : les plantes privées de ce fluide s'étiolent ; et, lorsque dans les serres la lumière ne leur parvient que par un seul endroit, les végétaux s'inclinent vers cette ouverture, comme pour témoigner le besoin qu'ils ont de ce fluide bienfaisant.

Sans l'influence de la lumière, les végétaux ne nous présentent qu'une seule et triste couleur ; ils se dépouillent même de la couleur verte dès qu'on les met à l'abri de ce fluide lumineux ; c'est ainsi qu'on blanchit le céleri, l'endive et autres plantes.

Non-seulement les végétaux doivent la couleur verte à la lumière ; mais l'odeur, le goût, la combustibilité, la maturité et le principe résineux sont tout autant de propriétés qui en dépendent. De là vient sans doute que les aromates, les résines, les huiles volatiles sont l'apanage des climats du midi, où la lumière est plus pure, plus constante et plus vive.

On voit même que l'influence de la lumière est marquée sur les autres êtres : car, comme l'a observé *Dorthes*, les vers et les chenilles qui vivent dans la terre ou dans les bois sont blanchâtres, les oiseaux et les papillons de nuit se distinguent de ceux du jour par leurs couleurs peu brillantes ; la différence est également marquée entre ceux du nord et ceux du midi.

Une propriété bien étonnante de la lumière sur le végétal, c'est qu'exposé au grand jour ou au soleil, il transpire de l'air vital. Nous reviendrons sur tous ces phénomènes lorsqu'il sera question de l'analyse des végétaux.

Les belles expériences de *Scheele* et *Berthollet* nous ont appris que la lumière modifioit d'une manière étonnante les résultats des opérations chymiques : elle dégage l'air vital de quelques liqueurs, telles que l'acide nitrique, l'acide muriatique oxigéné, &c. elle réduit les oxides d'or, d'argent, &c. elle dénature les muriates oxigénés, selon les observations de *Berthollet*. La lumière détermine encore les phénomènes de végétation que nous présentent les dissolutions salines, comme je l'ai fait voir ; de sorte que nous devons calculer l'action de cet agent dans presque toutes nos opérations.

« L'organisation, le sentiment, le mouvement
» spontané, la vie, n'existent qu'à la surface de
» la terre et dans les lieux exposés à la lumière :
» on diroit que la flamme du flambeau de Pro-
» méthée étoit l'expression d'une vérité philoso-
» phique qui n'avoit point échappé aux anciens.
» Sans la lumière la nature étoit sans vie, elle
» étoit morte et inanimée : un Dieu bienfaisant,
» en apportant la lumière, a répandu sur la sur-
» face de la terre l'organisation, le sentiment et
» la pensée ». (*Traité élémentaire de chymie par La-*
voisier, page 202.)

Il ne faut pas confondre la lumière solaire avec celle que nous produisent nos foyers : celle-ci a des effets marqués sur quelques-uns de ces phénomènes, comme je m'en suis convaincu ; mais ces effets sont lents et peu en rapport avec ceux de la lumière du soleil.

Quoique la chaleur accompagne souvent la lumière, les phénomènes dont nous venons de parler ne sauroient lui être attribués ; elle peut les modifier, mais non les produire comme on s'en est assuré.

C H A P I T R E   I I I.

Du Soufre.

Nous sommes forcés de placer le soufre parmi les élémens, tandis que nos prédécesseurs prétendoient en avoir déterminé les principes constituans : cette marche paroîtroit rétrograde, si on n'étoit persuadé que c'est réellement avancer que de rectifier ses idées.

Les anciens désignoient par le mot *soufre* toute substance combustible et inflammable : on trouve dans tous leurs écrits l'expression de *soufre des métaux*, *soufre des animaux*, *soufre des végétaux*, &c.

Sthal assigna une valeur déterminée à la dénomination de soufre ; et, depuis ce célèbre chymiste, nous connoissons sous ce nom un corps d'un jaune citron, sec, fragile, susceptible de brûler

brûler avec une flamme bleue et d'exhaler une odeur piquante lors de la combustion : quand on le frotte il devient électrique, et si on lui fait subir une douce pression dans la main, il craque et se réduit en poudre.

Il paroît que le soufre se forme par la décomposition des végétaux et des animaux : on en a trouvé sur les murs des fosses d'aisance; et, lorsqu'on a creusé les boulevards de la porte Antoine à Paris, on en a ramassé beaucoup qui étoit mêlé avec les restes des débris des substances végétales et animales qui avoient comblé les anciens fossés, et s'y étoient pourries.

Deyeux a même prouvé que le soufre existoit naturellement dans quelques plantes, telles que la *patience*, le *cochlearia*, &c. Les procédés qu'il indique pour l'extraire se réduisent, 1°. à réduire en pulpe assez fine par le moyen d'une rape la racine lavée, à délayer cette pulpe dans l'eau froide et à la passer à travers un linge peu serré; la liqueur passe trouble et laisse précipiter un dépôt qui, desséché, prouve l'existence du soufre : 2°. à faire bouillir la pulpe et à dessécher l'écume qui se forme par l'ébullition; cette écume contient le soufre. Plusieurs espèces de *rumex* confondues sous le nom de *patience*, ne contiennent point de soufre; j'en ai retiré du *rumex pa-*

Tome I.   F

tientia L. qui croît sur les montagnes des Cévennes
et qui est le même dont on s'est servi à Paris.
Le Veillard a obtenu du soufre en faisant pourrir des substances végétales dans l'eau des puits.
Le soufre est contenu en abondance dans les
mines de charbon ; il est combiné avec certains
métaux ; il se présente presque par-tout où il
y a décomposition végétale ; il est un des élémens
de ces schistes pyriteux et bitumineux qui forment
le foyer des volcans ; il se sublime dans les endroits
où les pyrites se décomposent ; il est rejetté par
les feux souterrains, et on le trouve plus ou
moins abondant dans le voisinage des endroits
volcaniques. On a beaucoup parlé des pluies de
soufre ; mais l'on sait aujourd'hui que c'est sur-
tout la poussière des étamines du pin qui, empor-
tée au loin par le vent, a accrédité cette erreur.
Henckel en a vu la surface d'un marais toute couverte.

Les procédés connus pour extraire le soufre
en grand et l'appliquer aux usages du commerce,
se réduisent à le dégager des pyrites ou *sulfures
de cuivre* ou *de fer* par des moyens plus ou moins
simples et économiques : on peut consulter à ce
sujet la *Pyritologie d'Henckel*, le *Dictionnaire de
Chymie de Macquer*, *art*. Travaux des mines, *les
Voyages métallurgiques de Jars*, &c.

En Saxe et en Bohême on distille les mines

de soufre dans des tuyaux de terre disposés sur une galère ; le soufre que le feu dégage se rend dans des récipiens placés au dehors , et dans lesquels on a soin d'entretenir de l'eau.

A *Rammelsberg* , à *Saint-Bel* , &c. on forme des tas de pyrites qu'on décompose par une chaleur douce imprimée d'abord à la masse par une couche de combustible sur laquelle on l'a posée ; la chaleur s'entretient ensuite par le jeu des pyrites elles-mêmes ; le soufre qui s'exhale ne peut point s'échapper par les parois latérales qu'on a eu soin de revêtir d'une couche de terre ; il monte jusqu'au sommet de la pyramide tronquée , et se ramasse dans de petites cavités qu'on a pratiquées sur le sommet : la chaleur suffit pour l'y entretenir liquide , et de temps en temps on retire ce soufre avec des cuillers.

Presque tout le soufre employé dans la République vient de la *Solfatara :* ce pays , tourmenté par les volcans , présente par-tout les effets de ces feux souterrains ; les masses énormes de pyrites qui se décomposent dans les entrailles de la terre produisent de la chaleur qui sublime une partie du soufre par les soupiraux que le feu et l'effort des vapeurs ont entr'ouvert de toutes parts ; on distille les terres et les pierres qui contiennent le soufre , et c'est le résultat de cette distillation qu'on appelle *soufre brut.*

Le soufre brut transporté dans notre République par la voie de Marseille, reçoit dans cette ville les préparations nécessaires pour le disposer et l'approprier à ses divers usages : 1°. on le réduit en *canons*, en le faisant fondre et le coulant dans des moules ; 2°. on fait les *fleurs de soufre*, en le sublimant par une chaleur douce, et recueillant cette vapeur sulfureuse dans une chambre assez vaste et bien close. Ce soufre, très-pur et très-divisé, est connu sous le nom de *soufre sublimé*, *fleur de soufre*.

Le soufre entre en fusion à une chaleur assez douce ; et si on saisit le moment où la surface se fige pour faire couler le soufre liquide contenu dans la cavité, on obtient, par ce moyen, le soufre en longues aiguilles qui représentent des octaèdres alongés. Ce procédé indiqué par le fameux *Rouelle*, a été appliqué à la crystallisation de presque tous les métaux.

On trouve du soufre naturellement crystallisé en Italie, à *Conilla* près de *Cadix*, &c. La forme ordinaire est l'octaèdre : j'ai vu néanmoins des crystaux de soufre en rhombes parfaits.

Sthal avoit cru prouver par analyse et par synthèse, que le soufre étoit formé par la combinaison de son phlogistique avec l'acide sulfurique : la belle suite de preuves qu'il a laissées pour établir cette opinion a paru si complète, que depuis ce grand homme on n'a cessé de regarder cette doctrine comme démontrée ; on donnoit même cet exemple pour prouver jusqu'à quel degré d'évidence pouvoit conduire l'analyse chymique : mais nos découvertes sur les substances gazeuses nous ont appris que les anciens avoient été nécessairement induits en erreur pour n'en avoir pas eu connoissance. Nos superbes travaux sur la composition des acides nous ont fait voir que ces substances se décomposoient dans beaucoup d'opérations , et cette révolution dans nos connoissances a dû en entraîner une dans notre manière de concevoir les phénomènes : il nous suffira d'analyser la principale expérience sur laquelle repose essentiellement la doctrine de *Sthal*, pour prouver ce que nous venons d'avancer.

Si on prend un tiers de charbon et deux tiers de sulfate de potasse, et qu'on fonde ce mélange dans un creuset , il en résulte du *foie de sou* (sulfure de potasse) : si on dissout ce sulfure dans l'eau, et qu'on s'empare de la potasse par quelques gouttes d'acide sulfurique , il se forme un précipité qui est du véritable soufre : donc, a dit *Sthal*, le soufre est une combinaison du phlogistique ou principe inflammable du charbon avec l'acide sulfurique. L'expérience est vraie, mais la conséquence est absurde, puisqu'il s'en-

F 3

suivroit que l'acide sulfurique qu'on ajoute auroit la faculté de déplacer l'acide sulfurique uni à l'alkali.

Si *Sthal* avoit analysé plus rigoureusement le résultat ou le produit de l'opération, il se seroit convaincu qu'il n'y avoit plus un atome d'acide sulfurique.

S'il avoit pu opérer dans des vaisseaux clos et recueillir les substances gazeuses qui se dégagent, il auroit retiré beaucoup d'acide carbonique qui résulte de la combinaison de l'oxigène de l'acide sulfurique avec le charbon.

S'il eût exposé son sulfure à l'air dans des vaisseaux clos, il auroit vu que l'air vital et absorbé, que le sulfure est décomposé, et qu'il s'y forme du sulfate de potasse, ce qui annonce que l'acide sulfurique se recompose.

Si on humecte du charbon avec l'acide sulfurique, et qu'on distille, on obtient de l'acide carbonique, du soufre, et beaucoup d'acide sulfureux.

Les expériences de *Sthal* nous présentent toutes la démonstration la plus complète de la décomposition de l'acide sulfurique en soufre et oxigène; et il ne nous est nécessaire pour les expliquer, ni de supposer l'existence d'un être imaginaire, ni de reconnoître le soufre comme un corps composé.

CHAPITRE IV.

Du Carbone.

ON appelle carbone , dans la nouvelle nomen-clature , le charbon pur : cette substance est placée parmi les substances simples , parce que jusqu'ici aucune expérience ne nous a fait connoître la possibilité de la décomposer.

Le carbone existe tout formé dans les végétaux : on peut le débarrasser de tous les principes hui-leux et volatils par la distillation ; on peut ex-traire ensuite par des lotions convenables dans l'eau pure , tous les sels qui se trouvent mêlés et confondus avec lui.

Lorsqu'on veut se procurer le carbone bien pur , il faut le dessécher par un coup de feu vio-lent dans des vaisseaux clos ; cette précaution est nécessaire , car les dernières portions d'eau y adhèrent avec une telle avidité , qu'elles s'y dé-composent et fournissent du gaz hydrogène et de l'acide carbonique.

Le carbone existe aussi dans le règne animal : on peut l'en extraire par un procédé semblable à celui que nous venons de décrire ; mais il est peu abondant : la masse qu'il présente est légère et spongieuse , il se consume difficilement à l'air , et il est mêlé d'une grande quantité de phosphate de chaux et même de soude.

On a trouvé également le carbone dans le plombagine dont il forme un des principes.

Nous présenterons plus de détails sur cette substance dans l'analyse des végétaux ; mais ces idées succinctes suffiront pour que nous puissions nous occuper de ses combinaisons, et c'est là le seul but que je me propose en ce moment.

SECTION V.

Des Gaz, ou de la dissolution de quelques principes par le calorique à la température de l'atmosphère.

LE calorique en se combinant avec les corps, en volatilise quelques - uns et les réduit à l'état aériforme : la permanence de cet état à la température de l'atmosphère constitue le gaz. Ainsi réduire une substance à l'état de gaz, c'est la dissoudre dans le calorique et la rendre invisible.

Le calorique se combine dans les divers corps avec plus ou moins de facilité ; et nous en connoissons plusieurs qui, à la température de l'atmosphère, sont constamment à l'état de gaz ; il en est d'autres qui passent à cet état par quelques degrés de chaleur au-dessus : ce sont ceux-ci qu'on désigne par *substances volatiles*, *évaporables*, &c. Ils diffèrent des matières *fixes*, en ce que ces dernières ne se volatilisent que par l'application et la combinaison d'une forte dose de calorique.

Il paroît que tous les corps ne prennent pas indistinctement la même quantité de calorique pour paroître à l'état de gaz, et nous verrons qu'on peut en apprécier la proportion par les phénomènes que présentent la fixation et la concrétion de ces substances gazeuses.

Pour réduire un corps à l'état de gaz, on peut lui appliquer le calorique de diverses manières.

Le moyen le plus simple est de le mettre en contact avec un corps plus chaud : alors, d'un côté la chaleur diminue l'affinité d'aggrégation ou de composition, en écartant et éloignant les uns des autres les principes constituans; de l'autre, le calorique s'unit aux principes avec lesquels il a le plus d'affinité, et les volatilise. Cette voie est celle des *affinités simples*; c'est en effet un troisième corps, qui, présenté à un composé de plusieurs principes, se combine avec l'un d'eux et le volatilise.

Nous pouvons encore employer la voie des affinités doubles, pour porter un corps à l'état de gaz; et c'est ce qui arrive lorsque nous faisons agir un corps sur un autre pour en opérer la combinaison, et qu'il y a production et dégagement de quelque principe gazeux. Si je verse, par exemple, de l'acide sulfurique sur de l'oxide de manganèse, l'acide se combine avec le métal, tandis que son calorique se porte sur l'oxigène et l'enlève. Ce principe a lieu non-seulement dans ce cas, mais toutes les fois que dans une opération qui se fait sans le secours du feu, il y a production de vapeurs ou de gaz.

Les divers états sous lesquels se présentent les corps à nos yeux, tiennent presque uniquement aux divers degrés de combinaison du calorique avec ces mêmes corps : les fluides ne diffèrent des solides que parce qu'ils ont constamment, à la température de l'atmosphère, la dose de calorique convenable pour les tenir à cet état ; ils se figent et passent à l'état concret avec plus ou moins de facilité, selon la quantité de calorique plus ou moins considérable qu'ils exigent.

Tous les corps solides peuvent passer à l'état gazeux ; et la seule différence qui existe entre eux à cet égard, c'est que, pour être portés à cet état, il leur faut une dose de calorique qui est déterminée, 1°. par l'affinité d'aggrégation qui lie les principes, les retient et s'oppose à une nouvelle combinaison ; 2°. par la pesanteur des parties constituantes, ce qui en rend la volatilisation plus ou moins difficile ; 3°. par le rapport et l'attraction plus ou moins forte entre le calorique et le corps solide.

Tous les corps , soit solides , soit liquides, volatilisés par le calorique , se présentent sous deux états , celui de *vapeur* et celui de *gaz*.

Dans le premier cas , les substances perdent en peu de temps le calorique qui les a élevées , et reparoissent sous leur première forme du moment que le calorique trouve des corps avec lesquels il a plus d'affinité.

Dans le second cas, la combinaison du calorique avec la substance volatilisée est telle, que le corps devient invisible.

Lorsque la combinaison du calorique avec un corps quelconque est telle qu'il en résulte un gaz, on peut maîtriser à volonté ces substances invisibles par le secours des appareils qu'on a appropriés de nos jours à ces usages : ces appareils sont connus sous le nom d'*appareils pneumato-chymiques* , *hydro-pneumatiques* , &c.

En général , l'appareil pneumato-chymique est une cuve en bois, ordinairement quarrée, doublée en plomb ou en fer-blanc. A deux ou trois doigts du bord supérieur , on pratique , sur un quart environ de la surface totale , une rainure formant une coulisse dans laquelle on fait entrer une planche en bois qui présente un trou dans le milieu et une échancrure sur un des côtés : le trou est pratiqué au milieu d'une excavation en forme d'entonnoir qu'on fait à la surface inférieure de la planche.

On remplit cette cuve d'eau ou de mercure, selon la nature du gaz qu'on veut extraire ; il en est qui se combinent aisément avec l'eau, et on les traite dans l'appareil au mercure.

On peut extraire les gaz de diverses manières.

Lorsqu'on les dégage par le feu, on adapte au bec de la cornue, un tube recourbé, dont l'extrémité plonge dans l'eau ou dans le mercure de la cuve pneumato-chymique, et aboutit à la cavité en forme d'entonnoir qui est sous la planche: on lute les jointures du tube au bec de la cornue avec le lut ordinaire ; on met par-dessus la planche de la cuve un bocal plein du liquide de la cuve et renversé sur le trou de la planche ; lorsque le gaz se dégage de la cornue, il s'annonce par des bulles qui s'élèvent dans ce bocal et en gagnent la partie supérieure ; lorsque toute l'eau est déplacée et que le bocal est plein de gaz, on le retire en adaptant à son orifice une lame de verre pour qu'il ne se dissipe point ; on peut alors le transvaser et le tourmenter de mille manières pour en mieux connoître la nature.

Lorsqu'on dégage les gaz par le moyen des acides, on met le mélange qui doit le fournir dans un *flacon à bec recourbé*, et on fait plonger le bec dans la cuve de façon que les bulles puissent se rendre dans la concavité de la planche.

Les procédés usités aujourd'hui pour extraire les gaz et les analyser sont simples et commodes ; et ce sont ces mêmes procédés qui ont singulièrement contribué à nous acquérir la connoissance de ces substances aériformes, dont la découverte a décidé une révolution dans la chymie.

CHAPITRE PREMIER.

Du Gaz hydrogène ou Air inflammable.

L'AIR inflammable est un des principes constituans de l'eau, et c'est ce qui lui a mérité le nom de *gaz hydrogène* ; la propriété qu'il a de brûler avec l'air vital lui avoit fait donner celui d'air inflammable.

On fait du gaz hydrogène depuis long-temps. La fameuse *chandelle philosophique* atteste l'ancienneté de la découverte ; et le célèbre *Hales* a retiré de la plupart des végétaux un air qui s'enflammoit.

Le gaz hydrogène peut s'extraire de tous les corps dont il est principe constituant : mais la décomposition de l'eau donne le plus pur, et c'est ce fluide qui le fournit ordinairement dans nos laboratoires : à cet effet , on verse de l'acide sulfurique affoibli sur le fer ou le zinc ; l'eau qui sert de véhicule à cet acide se décompose sur le métal , son oxigène se combine avec lui , tandis que le gaz hydrogène se dissipe. Cette explication , quelque contraire qu'elle soit aux anciennes idées , n'en est pas moins une vérité démontrée : en effet , le métal est à l'état d'oxide dans sa dissolution par l'acide sulfurique , comme on peut s'en convaincre en le précipitant par la potasse pure ; d'un autre côté , l'acide lui-même n'est pas du tout décomposé , de sorte que le gaz oxigène ne peut être fourni au fer que par l'eau. On peut encore décomposer l'eau plus directement , en la jettant sur du fer fortement chauffé , et on peut obtenir le gaz hydrogène en faisant passer l'eau à travers un tube de fer chauffé au blanc.

On peut extraire aussi le gaz hydrogène par la simple distillation des végétaux. La fermentation végétale et la putréfaction animale produisent également cette substance gazeuse.

Les propriétés de ce gaz sont les suivantes :

A. Le gaz hydrogène a une odeur désagréable et puante : *Kirwan* a observé que lorsqu'on l'extrait dans l'appareil au mercure , il n'a presque pas d'odeur ; il contient moitié son poids d'eau , et perd son odeur du moment qu'elle est dissipée.

Kirwan a encore observé que le volume du gaz hydrogène étoit plus grand d'un huitième lorsqu'on l'extrait par l'appareil à l'eau, que lorsqu'on le retire par l'appareil au mercure.

Ces observations paroissent prouver que l'odeur puante de ce gaz ne provient que de l'eau qu'il tient en dissolution.

B. Le gaz hydrogène n'est point propre à la respiration. *Fontana* assure n'avoir pu fournir que trois inspirations avec cet air. *Morozzo* a prouvé que les animaux y périssent en un quart de minute. D'un autre côté, quelques chymistes du Nord, tels que *Bergmann*, *Scheele*, &c. se sont assurés, par des expériences faites sur eux-mêmes, qu'on pouvoit respirer le gaz hydrogène sans danger; et on a vu, il y a quelques années, à Paris, l'infortuné *Pilatre du Rozier* en remplir ses poumons et l'enflammer lors de l'expiration, ce qui formoit un jet de flamme très-curieux. On lui opposa ce que *Fontana* avoit objecté aux chymistes Suédois; savoir, que le gaz hydrogène étoit mêlé d'air atmosphérique : l'intrépide physicien répondit à l'objection, en mêlant à ce gaz très-pur un neuvième d'air atmosphérique; il respira ce mélange à l'ordinaire; mais, lorsqu'il voulut l'enflammer, il se fit une explosion si terrible, qu'il crut avoir les dents emportées.

Cette opposition de sentiment, cette contradiction dans des expériences sur un phénomène qui paroît pouvoir être décidé sans replique par une seule, m'ont engagé à recourir à la même voie pour fixer mes idées à ce sujet.

Des oiseaux mis successivement dans du gaz hydrogène, y sont morts sans que le gaz ait éprouvé le moindre changement sensible.

Des grenouilles mises dans 40 pouces de gaz hydrogène, y sont mortes dans l'espace de trois heures et demie; tandis que d'autres, mises dans le gaz oxigène et l'air atmosphérique, y ont vécu 55 heures; et lorsque je les ai retirées encore vivantes, l'air n'étoit ni vicié, ni diminué. Des expériences nombreuses que j'ai faites sur ces animaux, m'ont permis d'observer qu'ils avoient la faculté d'arrêter la respiration lorsqu'on les plaçoit dans un gaz délétère, à tel point qu'ils n'inspirent qu'une ou deux fois, et suspendent ensuite toute fonction de la part de l'organe respiratoire. J'ai eu encore occasion d'observer que ces animaux ne se réduisent point en putrilage par leur séjour dans le gaz hydrogène, comme on l'a annoncé il y a quelque temps. Ce qui a pu en imposer aux chymistes qui ont rapporté ce fait, c'est que les grenouilles s'enveloppent souvent d'une morve ou sanie qui paroît les recouvrir; mais elles présentent le même phénomène dans tous les gaz.

Après

Après avoir éprouvé le gaz hydrogène sur des animaux, je me suis décidé à le respirer moi-même, et j'ai vu qu'on pouvoit respirer plusieurs fois sans danger le même volume de cet air ; mais j'ai observé que ce gaz n'étoit point altéré par ces opérations, et de cela même je conclus qu'il n'est pas respirable ; car s'il l'étoit, il éprouveroit du changement dans le poumon, puisque le but de la respiration ne se borne pas à prendre et à rendre un fluide sans y rien changer : c'est une fonction bien plus noble, bien plus intéressante, bien plus intimement liée à l'économie animale. Nous devons regarder le poumon comme un organe qui se nourrit d'air, digère celui qu'on lui présente, retient celui qui lui est avantageux, et rejette la portion qui lui est nuisible. Ainsi, si l'air inflammable peut être respiré plusieurs fois de suite, sans danger pour l'individu, et sans altération ni changement pour lui-même, concluons qu'à la vérité l'air inflammable n'est pas poison, mais qu'on ne peut pas le regarder comme un air essentiellement propre à la respiration. Il en est du gaz hydrogène dans le poumon, comme de ces boules de mousse et de résine qu'avalent certains animaux pendant la saison rigoureuse de l'hiver ; ces boules ne se digèrent point, puisque ces animaux les rendent au printemps ; mais elles trompent la faim,

Tome I. G

et les membranes de l'estomac s'exercent sur elles
sans danger, comme le tissu du poumon sur le
gaz hydrogène qu'on lui présente.

C. Le gaz hydrogène n'est point combustible
par lui-même. Ce gaz ne brûle que par le concours de l'oxigène. Si on renverse un vase rempli de ce gaz, et qu'on lui présente une bougie
allumée, on verra brûler le gaz hydrogène à la
surface du bocal, et la bougie s'éteindra du moment qu'on la plongera dans l'intérieur. Les corps
les plus inflammables, tels que le phosphore,
ne brûlent point dans une atmosphère de gaz
hydrogène.

D. Le gaz hydrogène est plus léger que l'air
commun : un pied cube d'air atmosphérique pesant 720 grains, un pied cube de gaz hydrogène
pèse 72 grains. Le baromètre étant à 29,9, le
thermomètre à 60, *Kirvan* a trouvé le poids de
cet air à celui de l'air commun, comme 84 à
1000, conséquemment environ douze fois plus
léger.

Sa pesanteur varie prodigieusement, parce qu'il
est difficile de l'avoir constamment au même
degré de pureté: celui qu'on extrait des végétaux
contient de l'acide carbonique et de l'huile qui
en augmentent le poids.

Cette légéreté du gaz hydrogène a fait présumer à quelques physiciens qu'il devoit gagner

la partie supérieure de nôtre atmosphère ; et sur
cette supposition on s'est permis les plus belles
conjectures sur l'influence que devoit avoir dans
la météorologie une couche de ce gaz qui do-
minoit l'atmosphère ; ils n'ont point vu que cette
continuelle déperdition de matière ne s'accorde
point avec la sage économie de la nature ; ils
n'ont point vu que ce gaz, en s'élevant dans
l'air, se combine avec d'autres corps, sur-tout
avec l'oxigène, et qu'il en résulte de l'eau et
autres produits, dont la connoissance nous con-
duira nécessairement à celle de la plupart des
météores.

C'est sur cette légéreté du gaz hydrogène qu'est
fondée la théorie des *ballons* ou *machines aérosta-
tiques*.

Pour qu'un ballon s'élève dans l'atmosphère,
il suffit que le poids des enveloppes et de l'air
qu'elles renferment soit moins considérable que
celui d'un égal volume d'air atmosphérique, et il
doit s'élever jusqu'à ce que son poids se trouve
en-équilibre avec celui d'un égal volume d'air
ambiant.

La théorie des *Montgolfières* est très-différente
de celle-là : dans ce cas-ci, on raréfie par la
chaleur un volume d'air atmosphérique isolé de
la masse commune par des enveloppes de toile :
on peut donc un moment considérer cet espace

raréfié comme une masse d'air plus léger, qui doit nécessairement faire effort pour s'élever dans l'atmosphère et entraîner avec lui ses enveloppes.

E. Le gaz hydrogène nous présente divers caractères selon son degré de pureté et la nature des substances qui lui sont mêlées.

Il est rare que ce gaz soit pur : celui que fournissent les végétaux contient de l'huile et de l'acide carbonique ; celui des marais est mêlé avec plus ou moins d'acide carbonique ; celui qui est fourni par la décomposition des pyrites tient quelquefois du soufre en dissolution.

La couleur de l'hydrogène enflammé varie selon ses mélanges : un tiers d'air des poumons mêlé avec l'air inflammable du charbon de terre donne une flamme de couleur bleue ; l'air inflammable ordinaire mêlé avec l'air nitreux fournit une flamme verte ; l'éther en vapeurs forme une flamme blanche. Le mélange varié de ces gaz, le degré de compression qu'on leur fait subir quand on les exprime pour les brûler, ont fourni à quelques physiciens des feux très-agréables qui ont mérité l'attention des savans et des curieux.

F. Le gaz hydrogène a la propriété de dissoudre le soufre ; il contracte dans ce cas une odeur puante, et forme le *gaz hépatique*.

Gengembre a mis du soufre dans des cloches

pleines de gaz hydrogène, et en a opéré la dissolution par le moyen du miroir ardent : ce gaz hydrogène a contracté par ce moyen toutes les propriétés caractéristiques du gaz hépatique.

La formation de ce gaz est presque toujours l'effet de la décomposition de l'eau : en effet, les sulfures alkalins n'exhalent aucune mauvaise odeur tant qu'ils sont secs ; mais du moment qu'ils s'humectent, il s'en dégage une odeur exécrable, et il se forme du sulfate. Ces phénomènes nous prouvent que l'eau se décompose, qu'un de ses principes s'unit au soufre et le dissout, tandis que l'autre se combine avec lui et forme un produit plus fixe.

On peut obtenir le *gaz hydrogène sulfuré* en décomposant les sulfures par les acides : les acides où l'oxigène est le plus adhérant en dégagent le plus ; le muriatique en produit deux fois plus que le sulfurique ; celui qui est produit par ce dernier donne une flamme bleue, celui qui est dégagé par le muriatique brûle avec une flamme d'un blanc jaunâtre.

Schéele nous a fourni le moyen d'obtenir ce gaz en abondance, en décomposant par l'esprit de vitriol une pyrite artificielle formée par trois parties de fer et une de soufre.

La décomposition naturelle des pyrites dans l'intérieur de la terre donne naissance à ce gaz

G 3

qui s'échappe de certaines eaux , et leur communique des vertus particulières.

Les propriétés les plus générales de ce gaz sont :

1°. De noircir les métaux blancs.

2°. D'être impropre à la respiration.

3°. De verdir le syrop de violettes.

4°. De brûler avec une flamme bleue et légère, et de déposer du soufre par cette combustion.

5°. De se mêler avec le gaz oxigène de l'air atmosphérique pour former de l'eau , et de laisser échapper le soufre qu'il tenoit en dissolution ; de là vient qu'on trouve du soufre dans les conduits des eaux hépatiques , quoique leur analyse ne démontre pas l'existence d'un atome qui y soit tenu en dissolution.

6°. D'imprégner l'eau , de s'y dissoudre même en petite quantité , mais de se dissiper par la chaleur ou l'agitation.

L'air qui brûle à la surface de certaines sources et forme ce qu'on connoît sous le nom de *fontaines ardentes* , est du gaz hydrogène qui tient du phosphore en dissolution ; il sent le poisson pourri. *Lampi* a découvert une de ces sources sur les collines de *Saint-Colombat*. Le Dauphiné nous en offre une semblable à quatre lieues de Grenoble. Les feux follets qui serpentent dans les cimetières , et que le peuple superstitieux

prend pour l'image des *revenans*, sont des phénomènes de cette nature ; et nous en parlerons
en traitant du phosphore.

CHAPITRE II.

Du Gaz oxigène, ou air vital.

CETTE subtsance gazeuse a été découverte par
le célèbre *Priestley* le premier août 1774 : depuis
ce jour mémorable on a appris à la retirer de diverses matières, et on lui a reconnu des propriétés qui en font une des productions les plus
intéressantes à connoître.

L'atmosphère ne présente nulle part l'air vital
dans son plus grand degré de pureté, il y est
toujours combiné, mêlé ou altéré par d'autres
substances.

Mais cet air qui est l'agent le plus général des
opérations de la nature, se combine avec les
divers corps, et c'est par leur décomposition
qu'on peut l'extraire et se le procurer.

Un métal exposé à l'air s'y altère, et ces alté-
rations ne sont produites que par la combinaison de l'air pur avec le métal lui-même : la simple
distillation de quelques-uns de ces métaux ainsi
altérés ou *oxidés*, suffit pour dégager cet air
vital, et on l'obtient alors très-pur en le re-

G 4

cevant dans l'appareil hydro-pneumatique : une once de *précipité rouge* en fournit environ une pinte.

Les acides paroissent avoir tous pour base l'air vital : il en est quelques-uns qui le cèdent facilement ; la distillation du salpêtre décompose l'acide nitrique, et on obtient environ douze mille pouces cubes de gaz oxigène par livre de ce sel. L'acide nitrique distillé sur quelques substances se décompose, et on peut obtenir séparément ses divers principes constituans.

Priestley, Ingenhousz, Sennebier, découvrirent, presque en même temps, que les végétaux exposés au soleil exhaloient de l'air vital. Nous parlerons ailleurs des circonstances de ce phénomène ; nous nous bornerons en ce moment à observer que l'émission de l'air vital est proportionnée à la vigueur de la plante et à la vivacité de la lumière ; mais que l'émission directe des rayons du soleil n'est point nécessaire pour déterminer cette rosée gazeuse : il suffit qu'une plante soit bien éclairée pour qu'elle transpire l'air pur, car j'en ai recueilli souvent et abondamment d'une espèce de mousse qui tapisse le fond d'un bassin rempli d'eau, et si bien recouvert que le soleil n'y donne jamais directement.

Pour se procurer l'air vital qui se dégage des

plantes, il suffit de les enfermer sous une cloche de verre pleine d'eau et renversée sur une cuve remplie du même fluide : du moment que la plante est frappée par le soleil, il se forme sur les feuilles de petites bulles d'air qui se détachent, gagnent la partie supérieure des vases et en déplacent le liquide.

Cette rosée d'air vital est un bienfait de la nature qui répare sans cesse par ce moyen la déperdition qu'elle fait sans cesse de l'air vital.

L'influence de la lumière solaire ne se borne point à produire de l'air vital par son action sur les seuls végétaux; elle a encore la singulière propriété de décomposer certaines substances et d'en extraire ce gaz.

Un flacon d'acide muriatique oxigéné exposé au soleil, laisse échapper tout l'oxigène surabondant qu'il contient, et passe à l'état d'acide muriatique ordinaire; le même acide exposé au soleil dans un flacon entouré de papier noir, n'éprouve aucun changement; et chauffé dans un endroit obscur, il se réduit en gaz sans se décomposer : l'acide nitrique fournit également du gaz oxigène quand on l'expose au soleil, tandis que la chaleur le volatilise sans le décomposer.

Le muriate d'argent mis sous l'eau et exposé au soleil, laisse échapper du gaz oxigène : j'ai observé que le *précipité rouge* donnoit aussi de l'oxigène dans des cas semblables, et qu'il noircissoit en assez peu de temps.

On peut encore obtenir le gaz oxigène en le déplaçant de ses bases par le moyen de l'acide sulfurique. Le procédé que je préfère à tous par sa simplicité est le suivant : je prends une petite fiole à médecine, je mets dans cette bouteille une ou deux onces de manganèse, et verse dessus de l'acide sulfurique en suffisante quantité pour former une pâte liquide ; j'adapte ensuite un bouchon de liège à l'ouverture de la bouteille ; ce bouchon est percé dans son milieu et est enfilé par un tube creux et recourbé dont une extrémité plonge dans la capacité de la bouteille, tandis que l'autre va s'ouvrir sous la planche de la machine pneumato-chymique : l'appareil ainsi disposé, je présente un petit charbon au cul de la bouteille, et le gaz oxigène se dégage dans le moment.

Le manganèse dont je me sers est celui que j'ai découvert à Saint-Jean de Gardonenque : il donne son oxigène avec une telle facilité, qu'il suffit de le pétrir avec l'acide sulfurique pour le dégager. Ce gaz n'est pas mêlé sensiblement de gaz nitrogène (gaz azote), et la première bulle est aussi pure que la dernière.

Le gaz oxigène présente quelques variétés qui tiennent à son degré de pureté, et elles dépendent en général des substances qui le fournissent : celui qu'on retire des oxides mercuriels tient presque toujours en dissolution un peu de mercure ; je lui ai vu produire une prompte salivation sur deux personnes qui en faisoient usage pour des maladies de poitrine ; d'après ces observations, j'ai exposé à un froid vif des flacons remplis de ce gaz récemment distillé, et les parois se sont obscurcies d'une couche d'oxide de mercure très-divisé. J'ai plusieurs fois chauffé le bain dans lequel je faisois passer le gaz ; et j'ai obtenu dans ce cas, à deux reprises différentes, un précipité jaune dans le flacon dans lequel j'avois reçu le gaz.

Le gaz oxigène qu'on extrait des plantes n'est point aussi pur que celui que nous fournissent les oxides métalliques ; mais de quelques substances qu'on le retire, ses propriétés générales sont les suivantes.

A. Ce gaz est plus pesant que l'air atmosphérique. Le pied cube d'air atmosphérique pesant 720 grains, le pied cube d'air pur pèse 765. Selon *Kirwan* son poids est à celui de l'air commun comme 1103 à 1000. 116 pouces de cet air ont pesé 39,09 grains, 116 pouces air commun 35,38, à la température de 10 degrés de *Réaumur*. Et à 20 pouces de pression, 100 parties air commun pèsent 46,00, 100 parties air vital 50,00.

B. Le gaz oxigène est le seul propre à la combustion : cette vérité reconnue lui a fait donner le nom *d'air du feu* par le célèbre *Scheele.*

Pour procéder avec plus d'ordre dans l'examen d'une des fonctions les plus importantes du gaz oxigène, puisqu'elle lui appartient exclusivement, nous poserons les quatre principes suivans comme des résultats incontestables de tous les faits connus.

Premier principe. Il n'y a jamais de combustion sans air vital.

Second principe. Il y a absorption d'air vital dans toute combustion.

Troisième principe. Dans les produits de la combustion, il y a une augmentation de poids égale à la quantité d'air vital absorbée.

Quatrième principe. Dans toute combustion il y a dégagement de chaleur et de lumière.

1°. La première de ces propositions est d'une vérité rigoureuse ; le gaz hydrogène ne brûle lui-même que par le concours de l'oxigène, et toute combustion cesse du moment que le gaz oxigène manque.

2°. Le second principe n'est pas d'une vérité moins générale : si on brûle certains corps, tels que le phosphore, le soufre, &c. dans du gaz oxigène bien pur, il est absorbé jusqu'à la dernière goutte ; et lorsque la combustion s'opère dans un mélange de plusieurs gaz, le seul oxigène est absorbé et les autres n'éprouvent pas de changement.

Dans les combustions les plus lentes, telles que la rancidité des huiles, l'oxidation des métaux, il y a également absorption d'oxigène, comme on peut s'en convaincre en isolant ces corps dans un volume d'air déterminé.

3°. Le troisième principe, quoiqu'aussi vrai, a besoin d'être développé : et à cet effet, nous distinguerons les combustions dont le résultat, le résidu et le produit sont fixés, de celles dont les effets sont des substances volatiles et fugaces. Dans le premier cas, le gaz oxigène se combine tranquillement avec le corps; et en pesant le même corps du moment que la combinaison est faite, on juge aisément si l'accrétion en pesanteur est en rapport avec l'oxigène absorbé : c'est ce qui arrive dans tous les cas où les métaux s'oxident, les huiles rancissent, et dans la production de certains acides, tels que le phosphorique, le sulfurique, &c. Dans le second cas, il est plus difficile de peser tous les résultats de la combustion, et de constater par conséquent si l'accrétion en pesanteur est en raison de la quantité d'air absorbée. Néanmoins, si la combustion se fait sous des cloches et qu'on recueille tous les produits, on verra que leur augmentation en poids est dans un rapport rigoureux avec l'air absorbé.

4°. Le quatrième principe est celui dont les applications sont les plus intéressantes à connoître.

Dans la plupart des combustions, le gaz oxigène se fixe et se concret : il abandonne donc le calorique qui le tenoit à l'état aériforme, et ce calorique devenu libre produit de la chaleur et cherche à se combiner avec les substances qui sont à portée.

Le dégagement de chaleur est donc un fait constant dans tous les cas où l'air vital se fixe dans les corps : et il suit de ce principe, 1°. que la chaleur réside éminemment dans le gaz oxigène qui sert à la combustion; 2°. que plus il y aura d'oxigène absorbé dans un temps donné, plus forte sera la chaleur; 3°. que le seul moyen de produire une chaleur violente, est de brûler les corps dans l'air le plus pur; 4°. que le feu et la chaleur doivent être d'autant plus intenses, que l'air est plus condensé; 5°. que les courans d'air sont nécessaires pour entretenir et hâter la combustion : c'est sur ce dernier principe qu'est fondée la théorie des effets des lampes à cylindre : le courant d'air qui s'établit par le tuyau renouvelle l'air à chaque instant; et, en appliquant continuellement à la flamme une nouvelle quantité de gaz oxigène, on détermine une chaleur suffisante pour incendier et détruire la fumée.

C'est encore à ces mêmes principes qu'on doit rapporter la grande différence qui existe entre la chaleur produite par une combustion lente, et celle qui est produite par une combustion rapide : dans le dernier cas, on produit dans une seconde la même chaleur et la même lumière qui auroient été produites dans un temps très-long.

Les phénomènes de la combustion à l'aide du gaz oxigène tiennent encore aux mêmes loix. Le professeur *Lichtemberger* de Gottingue a soudé une lame de canif avec un ressort de montre à un feu alimenté par le moyen du gaz oxigène.

Lavoisier et *Erhmann* ont soumis presque tous les corps connus à l'action d'un feu entretenu par le seul gaz oxigène, et ont obtenu des effets que le miroir ardent n'avoit pas pu opérer.

Ingenhousz nous a appris qu'en roulant un fil de fer en spirale, et mettant un corps quelconque embrasé à un des bouts, on pouvoit le fondre en le plongeant dans le gaz oxigène.

Forster de Gottingue a vu que la lumière des vers luisans est si belle et si claire dans le gaz oxigène, qu'un seul suffit pour lire les annonces savantes de Gottingue imprimées en très-petit caractère. Il ne s'agissoit plus que de pouvoir appliquer l'air vital à la combustion avec aisance et économie ; et c'est à quoi est parvenu *Meusnier*, qui a fait construire un appareil simple et commode. On peut consulter à ce sujet le traité de la fusion par *Erhmann*.

On peut voir encore la description du *gazomètre* dans le Traité élémentaire de chymie par *Lavoisier*.

Nous distinguerons trois états dans l'acte même de la combustion : l'ignition, l'inflammation et la détonnation.

L'ignition a lieu lorsque le corps combustible n'est pas dans l'état aériforme, ni susceptible de prendre cet état par la simple chaleur de la combustion : c'est ce qui arrive lorsqu'on brûle du charbon bien fait.

Lorsque le corps combustible est présenté au gaz oxigène sous forme de vapeurs ou de gaz, il en résulte de la flamme, et la flamme est d'autant plus considérable, que le corps combustible est plus volatil. La flamme d'une bougie n'est entretenue que par la volatilisation de la cire qui s'opère à chaque instant par la chaleur de la combustion.

La détonnation est une inflammation prompte et rapide, qui occasionne du bruit par le vuide qui se forme instantanément. La plupart des détonnations sont produites par le mélange du gaz hydrogène avec l'oxigène, comme je l'ai fait voir en 1781 dans mon Mémoire sur les détonnations. Il a été prouvé, depuis cette époque, que

que le produit de la combustion rapide de ces deux gaz étoit de l'eau. On peut produire de très-fortes détonnations en embrasant un mélange d'une partie de gaz oxigène et de deux d'hydrogène : l'effet peut être rendu plus terrible encore, en faisant passer le mélange dans l'eau de savon et enflammant les bulles, lorsqu'elles sont amoncelées à la surface du liquide.

La chymie nous présente plusieurs cas dans lesquels la détonnation est due à la formation subite de quelque substance gazeuse ; telle est celle qui est produite par l'inflammation de la poudre à canon ; car dans ce cas, il y a production subite d'acide carbonique, de gaz nitrogène, &c. La production où la création instantanée d'un gaz quelconque doit produire une secousse et un ébranlement dans l'atmosphère qui déterminent nécessairement une explosion. L'effet de ces explosions s'accroît et se fortifie par tous les obstacles qu'on oppose à l'effort des gaz qui cherchent à s'échapper.

C. Le gaz oxigène est le seul gaz propre à la respiration : c'est cette propriété très-éminente qui lui a mérité le nom d'*air vital*, et nous emploierons de préférence cette dénomination dans cet article.

On sait depuis long-temps que les animaux ne peuvent pas vivre sans le secours de l'air ;

Tome I.   H

mais les phénomènes de la respiration n'ont été
connus que bien imparfaitement jusqu'à nos
jours.

De tous les auteurs qui ont écrit sur la respiration , les anciens sont ceux qui en ont eu
l'idée la plus exacte. Ils admettoient dans l'air
un principe propre à nourrir et à entretenir la
vie , qu'ils ont désigné par le nom de *pabulum
vitæ* ; et *Hippocrate* nous dit expressément, *spiri-
tus etiam alimentum est.* Cette idée , qui n'étoit
liée à aucune hypothèse', a été successivement
remplacée par des systêmes dénués de tout fondement. Tantôt on a considéré l'air dans le poumon comme un aiguillon (*stimulus*) sans cesse
agissant , qui entretenoit la circulation (voyez
Haller) ; tantôt on a regardé le poumon comme
un soufflet destiné à rafraîchir le corps incendié
par mille causes imaginaires ; et lorsqu'on s'est
convaincu que le volume de l'air diminuoit dans
le poumon , on a cru avoir tout expliqué en
disant que l'air perdoit son ressort.

Il nous est permis aujourd'hui de jetter quelque
jour sur une des fonctions les plus importantes
du corps humain ; nous la réduirons à quelques
principes , pour procéder avec plus de clarté.

1°. Nul animal ne peut vivre sans le secours
de l'air : c'est un fait généralement reconnu ;
on ne sait que depuis quelques années que la fa-

culté qu'a l'air de servir à la respiration n'est due qu'à un des principes de l'air atmosphérique connu sous le nom d'*air vital.*

2°. Tous les animaux ne demandent pas la même pureté dans l'air : l'oiseau l'exige très-pur, de même que l'homme et la plupart des quadrupèdes ; mais ceux qui vivent dans la terre, ceux qui s'amoncèlent et se pelotonnent pendant l'hiver, s'accommodent d'un air moins pur.

3°. La manière de respirer l'air est différente dans les divers sujets : en général la nature a doué les animaux d'un organe qui, par sa dilatation et sa contraction involontaires, reçoit et expulse le fluide dans lequel il se meut. Cet organe est plus ou moins parfait, plus ou moins caché et garanti de tout choc et événement, selon son importance et son influence sur la vie, comme l'a observé *Broussonet.*

Les amphibies respirent à l'aide des poumons ; mais ils peuvent suspendre leur mouvement, même lorsqu'ils sont dans l'air, comme je l'ai observé sur des grenouilles qui arrêtent la respiration à volonté.

La manière de respirer des poissons est très-différente : ces animaux viennent de temps en temps humer l'air à la surface de l'eau, en remplissent leur vésicule, et le digèrent ensuite à leur aise. J'ai suivi pendant long-temps les phénomènes que présentent les poissons dans l'acte de la respiration, et me suis assuré qu'ils sont sensibles à l'action de tous les gaz comme les autres animaux. *Fourcroy* a observé que l'air contenu dans la vésicule de la carpe est du gaz nitrogène (*azote*).

L'insecte à trachées nous présente des organes plus éloignés des nôtres par la conformation : chez lui la respiration s'opère par des trachées distribuées le long du corps ; elles accompagnent tous les vaisseaux, et finissent par se perdre en pores insensibles à la surface de la peau.

Ces insectes me paroissent offrir plusieurs points d'analogie bien frappans avec les végétaux. 1°. Les organes respiratoires sont conformés de la même manière ; ils sont disposés sur tout le corps du végétal et de l'animal. 2°. Ils transpirent l'un et l'autre de l'air vital. *Fontana* a trouvé plusieurs insectes dans les eaux stagnantes, qui, exposés au soleil, donnent de l'air vital : et cette matière verte qui se forme dans les eaux stagnantes, que *Priestley* a placés parmi les *conferves*, d'après le témoignage de son ami *Bewly*, que *Sennebier* a cru être la *conferva cespitosa filis rectis undique divergentibus*, *Halleri*, et qui a paru à *Ingenhousz* n'être qu'une ruche d'animalcules, donne une prodigieuse quantité d'air vital lorsqu'on l'expose au soleil. 3°. Les insectes fournissent encore à l'analyse des principes analogues à ceux des plantes, tels que des résines, des huiles volatiles, &c.

Vanière paroît avoir connu et exprimé très-élégamment la propriété qu'ont les végétaux de se nourrir d'air.

> . . . . *Arbor enim (res non ignota) ferarum*
> *Instar et halituum piscisque latentis in imo*
> *Gurgite vitales et reddit et accipit auras.*
>
> Prædium rusticum. *L. VI.*

Les animaux à poumon ne respirent qu'en raison de l'air vital qui les environne. Un gaz quelconque privé de ce mélange est dès ce moment impropre à la respiration; et cette fonction s'exerce avec d'autant plus de liberté, que l'air vital est en plus grande proportion dans l'air qu'on respire.

Morozzo mit successivement plusieurs moineaux adultes sous une cloche de verre qui plongeoit dans l'eau, et qui fut remplie d'abord d'air atmosphérique et puis d'air vital, et il observa que,

1°. Dans l'air atmosphérique,

Le premier moineau vécut   3 heures.
Le second. . . . .   o h. 3 m.
Le troisième. . . . . . .   o h. 1 m.

H 3

L'eau monta dans la cloche de 8 lignes pendant la vie du premier, de 4 pendant la vie du second, et le troisième ne produisit aucune absorption.

2°. Dans l'air vital ;

Le premier moineau a vécu	5 h.	23 m.
Le second.	2 h.	10 m.
Le troisième.	1 h.	30 m.
Le quatrième.	1 h.	10 m.
Le cinquième.	0	30 m.
Le sixième.	0	47 m.
Le septième.	0	27 m.
Le huitième.	0	30 m.
Le neuvième.	0	22 m.
Le dixième.	0	21 m.

De ces expériences on peut conclure, 1°. qu'un animal vit plus long-temps dans l'air vital que dans l'air atmosphérique ; 2°. qu'un animal vit dans un air où un autre est mort ; 3°. qu'indépendamment de la nature de l'air, il faut avoir égard à la constitution des animaux, puisque le sixième a vécu 47 minutes et le cinquième 30 seulement ; 4°. qu'il y a absorption d'air ou production d'un nouveau gaz, que l'eau absorbe puisqu'elle monte.

Il nous reste à présent à examiner quels sont

les changemens que produit la respiration, 1°. dans l'air, 2°. dans le sang.

1° Le gaz rendu par l'expiration est un mélange de gaz nitrogène, d'acide carbonique et d'air vital. Si on fait passer l'air qui sort des poumons à travers l'eau de chaux, elle se trouble ; si on le reçoit à travers la teinture de tournesol, elle rougit ; et si on substitue de l'alkali pur à la teinture de tournesol, il devient effervescent.

Lorsqu'on s'est emparé de l'acide carbonique par les procédés ci-dessus, ce qui reste est un mélange de gaz nitrogène et d'air vital : on y démontre l'air vital par le moyen de l'air nitreux. De l'air dans lequel j'ai fait périr cinq moineaux, m'a donné 17 centièmes d'air vital. Après avoir ainsi dépouillé l'air expiré de tout l'air vital et de tout l'acide carbonique, il ne reste que le gaz nitrogène.

On a observé que les frugivores vicioient moins l'air que les carnivores.

Il y a absorption d'une portion d'air dans la respiration : *Borelli* s'en étoit déjà apperçu ; et le docteur *Jurin* avoit calculé qu'un homme inspiroit 40 pouces d'air dans les inspirations moyennes, et que dans les plus grandes, il pouvoit en recevoir 220 pouces ; mais qu'il y en avoit toujours une portion d'absorbée. Le célèbre *Hales* chercha à déterminer plus rigoureusement cette absorption, et il l'évalua à $\frac{1}{61}$ du total de l'air

H 4

respiré, mais il ne la porta qu'à $\frac{1}{116}$, par rapport aux erreurs qu'il croyoit pouvoir s'être glissées. Or l'homme respire 20 fois par minute, il absorbe 40 pouces cubes d'air à chaque inspiration; il en absorbera donc 48000 par heure, qui divisés par 136, donnent environ 353 pouces d'air absorbé et perdu par heure. Le procédé de *Hales* n'est pas rigoureux, puisqu'il faisoit passer l'air expiré à travers l'eau qui devoit en retenir une portion sensible.

D'après des expériences plus exactes, *la Metherie* a prouvé que dans une heure on absorboit 360 pouces cubes d'air vital.

Mes expériences ne m'ont pas présenté, à beaucoup près, une déperdition aussi forte.

Ce fait nous permet de concevoir la facilité avec laquelle un air est vicié du moment qu'il est respiré et qu'il n'est pas renouvellé, et nous explique pourquoi l'air des salles de spectacle est en général si mal sain.

II°. Le premier effet que paroît produire l'air sur le sang, c'est de lui donner une couleur vermeille : si on expose du sang veineux noirâtre dans une atmosphère d'air pur, le sang devient vermeil à la surface; on observe journellement ce phénomène, lorsque le sang reste exposé à l'air dans une *palette*. L'air qui a séjourné sur le sang éteint les bougies et précipite l'eau de chaux.

L'air injecté dans l'espace d'une veine déterminé par deux ligatures, rend le sang plus vermeil, d'après les belles expériences de *Hewson*.

Le sang qui revient du poumon est plus vermeil, d'après les observations de *Cigna*, *Hewson*, &c. de-là, la plus grande intensité du sang artériel sur le sang veineux.

Thouvenel a prouvé qu'en pompant l'air qui repose sur le sang, on le décolore de nouveau.

Beccaria a exposé du sang dans le vuide, il y est resté noir, et a pris la plus belle couleur vermeille, dès qu'il a été de nouveau exposé à l'air. *Cigna* a couvert du sang avec de l'huile, et il a conservé sa couleur noire.

Priestley a fait passer successivement le sang d'un mouton dans l'air vital, l'air commun, l'air méphitique, &c. et il a trouvé que les parties les plus noires prenoient une couleur rouge dans l'air respirable, et que l'intensité de couleur étoit en raison de la quantité d'air vital. Le même physicien a rempli une vessie de sang, et l'a exposée à l'air pur ; la partie qui touchoit la surface de la vessie est devenue rouge, tandis que l'intérieur est resté noir : il y a donc absorption d'air, comme lorsque le contact est immédiat.

Tous ces faits prouvent incontestablement que la couleur vermeille que prend le sang dans le poumon est due à l'air pur qui se combine avec lui.

La couleur vermeille du sang est donc un premier effet du contact, de l'absorption et de la combinaison de l'air pur avec le sang.

Le second effet de la respiration, c'est d'établir un véritable foyer de chaleur dans le poumon, ce qui est bien opposé à l'idée précaire et ridicule de ceux qui ont regardé le poumon comme un soufflet destiné à rafraîchir le corps humain.

Deux célèbres physiciens, *Hales* et *Boerhaave*, avoient observé que le sang acquéroit de la chaleur en passant par le poumon ; et des physiologistes modernes ont évalué cette augmentation de chaleur à $\frac{11}{100}$.

La chaleur, dans chaque classe d'individus, est proportionnée au volume des poumons, selon *Buffon* et *Broussonet*.

Les animaux à sang froid n'ont qu'une oreillette et un ventricule, comme l'avoit observé *Aristote*.

Les personnes qui respirent l'air vital pur, s'accordent à dire qu'elles ressentent une douce chaleur qui vivifie le poumon et s'étend insensiblement de la poitrine dans tous les membres.

Les faits anciens et modernes se réunissent donc à prouver qu'il existe réellement un foyer de chaleur dans le poumon, et qu'il est entretenu et alimenté par l'air de la respiration. Il nous est possible d'expliquer tous ces phénomènes : en effet , dans la respiration il y a absorption d'air vital ; on peut donc considérer la respiration comme une opération par laquelle l'air vital passe continuellement de l'état gazeux à l'état concret ; il doit donc abandonner à chaque instant le calorique qui le tenoit en dissolution et à l'état de gaz ; cette chaleur produite à chaque inspiration doit être proportionnée au volume des poumons , à l'activité de cet organe , à la pureté de l'air , à la rapidité des inspiratious , &c. il s'ensuit de-là que pendant l'hiver la chaleur produite doit être plus forte , parce que l'air est plus condensé et présente plus d'air vital sous le même volume : par la même raison la respiration doit produire plus de chaleur dans les personnes du nord ; et c'est une des causes que la nature a préparées pour tempérer et balancer sans cesse le froid extrême de ces climats : il s'ensuit encore que les poumons des asthmatiques doivent moins digérer l'air ; et je me suis assuré qu'ils rendent l'air sans le vicier ; ce qui fait que leur complexion est froide et le poumon sans cesse languissant ; l'air vital leur convient donc à merveille. On conçoit aisément , d'après ces principes , pourquoi la chaleur est proportionnée au volume des poumons , pourquoi les animaux qui n'ont qu'une oreillette et un ventricule sont des animaux à sang froid, &c.

Les phénomènes de la respiration sont donc les mêmes que ceux de la combustion.

L'air vital en se combinant avec le sang y forme de l'acide carbonique, qu'on peut considérer comme un anti-putride tant qu'il est dans le torrent de la circulation, et qui est ensuite poussé au dehors à travers les pores de la peau, d'après les expériences de *Milly* et les observations de *Fouquet.*

L'air vital a été employé avec succès dans quelques maladies du corps humain : on connoît les observations de *Caillens*, qui l'a fait respirer avec le plus grand succès à deux personnes affectées de phthisie. J'ai été moi-même témoin d'un merveilleux effet de cet air dans un cas semblable. *B****. étoit au dernier période d'une phthisie confirmée ; foiblesse extrême, sueur, flux de ventre, tout annonçoit une mort prochaine : un de mes amis, *P****. le mit à l'usage de l'air vital ; le malade le respiroit avec délectation, il le demandoit avec l'ardeur d'un nourrisson qui desire le sein de sa nourrice ; il éprouvoit, dès qu'il le respiroit, une chaleur bienfaisante qui se répandoit par tous ses membres ; ses forces se rétablirent à vue d'œil, et en six semaines il fut en état de fournir à de longues promenades. Ce bien-être dura six mois ; mais après cet intervalle il rechûta, il ne put plus avoir recours à l'usage de l'air vital, parce que P***. étoit parti pour Paris, et il mourut. Je suis bien éloigné de penser que la respiration de l'air vital puisse être employée dans ce cas comme un spécifique ; bien plus je doute que cet air actif convienne dans ces circonstances ; mais il inspire de la gaieté, contente le malade ; et, dans les cas désespérés, c'est assurément un remède précieux que celui qui répand des fleurs sur les bords de notre tombe, et nous prépare de la manière la plus douce à franchir ce pas effrayant.

L'usage absolu de l'air vital dans la respiration, fait qu'on peut en tirer des principes positifs sur la manière de purifier l'air corrompu d'un endroit quelconque : on peut y parvenir par trois moyens ; le premier consiste à corriger l'air vicié par le secours des substances qui peuvent s'emparer des principes délétères ; le second, à déplacer l'air corrompu et à lui substituer de l'air frais ; c'est ce que l'on fait par les ventilateurs, l'agitation des portes, &c. le troisième, à verser dans l'atmosphère *méphitisée*, une nouvelle quantité d'air vital.

Les procédés employés pour purifier l'air corrompu, ne sont pas tous d'un effet assuré : les feux qu'on emploie n'ont d'autre avantage que d'établir des courans et de brûler les miasmes mal-sains ; et les parfums ne font que masquer la mauvaise odeur sans rien changer à la nature de l'air , d'après les expériences d'*Achard*.

CHAPITRE III.

Du gaz nitrogène , Gaz azote , ou mofette atmosphérique.

ON savoit depuis long-temps que l'air qui a servi à la combustion et à la respiration n'est plus propre à ces usages. Cet air ainsi corrompu a été connu sous les noms *d'air phlogistiqué*, *d'air méphitique* , *de mofette atmosphérique* , &c. Je l'appelle *gaz nitrogène* , d'après les raisons que j'ai développées dans le discours préliminaire.

Mais ce résidu de la combustion ou de la respiration est toujours mêlé avec un peu d'air vital et d'acide carbonique , dont il faut le débarrasser pour avoir ce gaz nitrogène dans son état de pureté.

Pour obtenir le gaz nitrogène très-pur , on connoît plusieurs moyens qu'on peut employer.

1°. *Schéele* nous a appris qu'en exposant du sulfure d'alkali dans un vase rempli d'air atmosphérique , l'air vital est absorbé; et que lorsque l'absorption est complète, le gaz nitrogène reste pur.

En exposant un mélange de fer et de soufre pétris ensemble avec de l'eau, sur du mercure dans l'air atmosphérique, *Kirwan* a obtenu un gaz nitrogène si pur, qu'il n'éprouvoit aucune diminution par le gaz nitreux; il en pompe toute l'humidité en introduisant plusieurs fois du papier à filtrer dans la jarre qui le contient; il faut avoir l'attention de retirer cet air de dessus la pâte qui le fournit, sans quoi il se mêleroit avec du gaz hydrogène qui se dégage.

2°. Lorsque, par des moyens quelconques, tels que l'oxidation des métaux, la rancidité des huiles, la combustion du phosphore, &c. on s'empare de l'air vital, le résidu est le gaz nitrogène.

Tous ces procédés fournissent des moyens plus ou moins rigoureux, pour déterminer dans quelle proportion se trouvent l'air vital et le gaz nitrogène dans la composition de l'air atmosphérique.

3°. On peut encore se procurer cette mofette, en traitant à l'appareil hydro-pneumatique par l'acide nitrique la chair musculaire ou la partie fibreuse du sang bien lavée; mais il faut observer que les matières animales soient bien fraîches; car, si elles commencent à être altérées par la fermentation, elles fournissent de l'acide carbonique mêlé avec le gaz nitrogène.

A. Ce gaz est impropre à la respiration et à la combustion.

B. Les plantes vivent dans cet air et y végètent librement.

C. Ce gaz se mêle avec les autres airs sans s'y combiner.

D. Il est plus léger que l'air atmosphérique. Le baromètre marquant 30,46, le thermomètre *Far.* 60, le poids du gaz nitrogène est à celui de l'air commun, comme 985 à 1000.

E. Mêlé avec l'air vital dans la proportion de 72 sur 28, il constitue notre atmosphère : les autres principes que l'analyse démontre dans l'atmosphère n'y sont qu'accidentellement, et leur existence n'y est pas nécessaire.

SECTION VI.

Du mélange des gaz nitrogène et oxigène, ou de l'air atmosphérique.

LES substances gazeuses dont nous venons de parler existent rarement seules et isolées ; la nature nous les présente par-tout dans un état de mélange ou dans un état de combinaison : dans le premier cas, ces gaz conservent leur état aériforme ; dans le second, ils forment assez constamment des corps fixes et solides. La nature,

dans

dans ses diverses décompositions, réduit presque tous les principes en gaz ; ces nouvelles substances s'unissent entre elles, se combinent ; et il en résulte des composés assez simples dans le principe, mais qui se compliquent par des mélanges et des combinaisons ultérieures. Nous pouvons suivre pas à pas toutes les opérations de la nature, en nous conformant au plan que nous avons adopté.

Le mélange d'environ 72 parties de gaz nitrogène et de 28 oxigène, forme cette masse de fluide dans laquelle nous vivons : ces deux principes sont si bien mêlés, et chacun d'eux est tellement nécessaire à l'entretien des diverses fonctions des individus qui vivent ou végètent sur ce globe, qu'on ne les a pas trouvés encore séparés et isolés.

Les proportions de ces deux gaz varient dans le mélange qui forme l'atmosphère ; mais cette différence ne peut se déduire que des causes purement locales, et la proportion la plus ordinaire est celle que nous venons d'établir.

Les propriétés caractéristiques de l'air vital se trouvent modifiées par celles du gaz nitrogène ; ces modifications paroissent même nécessaires : car, si nous respirions l'air vital dans son état de pureté, il useroit promptement notre vie ; et cet air-vierge ne nous convient pas plus que l'eau

Tome I. I

distillée : la nature ne paroît pas nous avoir destinés à faire usage de ces principes dans leur plus
grand degré de perfection.

L'air atmosphérique s'élève à plusieurs lieues
par-dessus nos têtes, et remplit les souterrains
les plus profonds : il est invisible, insipide,
inodore, pesant, élastique, &c. C'étoit la seule
substance gazeuse qu'on connût avant l'époque
actuelle de la chymie ; et l'on attribuoit toujours
à des modifications de l'air, les nuances infinies
que présentoient tous les fluides invisibles que
l'observation offroit si souvent aux physiciens.
Presque tout ce qui a été écrit sur l'air ne considère que les propriétés physiques de cette substance ; nous nous bornerons à en indiquer les
principales.

A. L'air est un fluide d'une raréfaction extrême ; il obéit au moindre mouvement ; la plus
légère percussion le dérange, et son équilibre
sans cesse rompu cherche sans cesse à se rétablir.

Quoique très-fluide, il trouve de la difficulté
à passer par où des liquides plus grossiers pénètrent aisément ; c'est ce qui a engagé les physiciens à supposer ses parties rameuses.

B. L'air atmosphérique est invisible : il ré-
frange les rayons de lumière sans les réfléchir,
et c'est sans des preuves suffisantes que quelques

physiciens ont pensé que ces grandes masses étoient bleues.

Il paroît que l'air est inodore par lui-même; mais il est le véhicule des parties odorantes.

On peut le regarder comme insipide; et si son contact nous affecte diversement, nous ne devons l'attribuer qu'à ses qualités physiques.

C. Ce n'est que vers le milieu du dernier siècle qu'on a constaté sa pesanteur par des expériences rigoureuses : l'impossibilité de soutenir l'eau à plus de 32 pieds, fit soupçonner à *Torricelli* qu'une cause extérieure soutenoit ce liquide à cette hauteur, et que ce n'étoit point l'horreur du vuide qui précipitoit l'eau dans les tuyaux des pompes. Ce célèbre physicien remplit de mercure un tube bouché par une de ses extrémités ; il le renversa sur une cuvette pleine de ce même métal, et vit le mercure s'arrêter constamment à 28 pouces après plusieurs oscillations : il vit dans le moment que les différences dans les hauteurs répondoient à la pesanteur relative des deux fluides, qui est dans le rapport de 14 à 1 : l'immortel *Paschal* prouva, quelque temps après, que c'étoit la colonne d'air atmosphérique qui soutenoit les liquides à cette élévation et s'assura que la hauteur varioit selon la longueur de la colonne qui presse.

D. L'élasticité de l'air est une des propriétés

I 2

sur lesquelles la physique a le plus travaillé, et
on en a même tiré un parti très-avantageux dans
les arts.

SECTION VII.

De la combinaison des gaz oxigène et hydrogène formant de l'eau.

L'EAU a été long-temps regardée comme un
principe élémentaire ; et lorsque des expériences
rigoureuses ont forcé les chymistes à la classer
parmi les substances composées, on a éprouvé de
toutes parts une résistance et une insurrection
qu'on n'avoit pas manifestées, lorsque l'air, la
terre et autres matières réputées élémentaires
avoient subi la même révolution. Il me paroît
néanmoins que son analyse est aussi rigoureuse
que celle de l'air : on la décompose par plusieurs
procédés ; on la forme par la combinaison de
l'oxigène et de l'hydrogène ; et nous voyons se
réunir les phénomènes de la nature et de l'art pour
nous convaincre des mêmes vérités. Que faut-il de
plus pour nous acquérir une pleine certitude sur
un fait physique ?

L'eau est contenue en plus ou moins grande
quantité dans les corps ; et on peut l'y considérer sous deux états : elle y est, ou dans l'état

d'un simple mélange, ou dans un état de combinaison : dans le premier cas, elle rend les corps humides, elle est sensible à l'œil, et peut être dégagée avec la plus grande facilité : dans le second, elle ne présente aucun caractère qui annonce qu'elle y est à l'état de mélange ; elle est sous cette forme dans les crystaux, les sels, les plantes, les animaux, &c. C'est cette eau que le célèbre *Bernard de Palissy* a appellée *eau générative*, et dont il a fait un cinquième élément, pour la distinguer de l'eau *exhalative*.

L'eau combinée dans les corps concourt à leur donner la dureté et la transparence : les sels et la plupart des crystaux pierreux perdent leur diaphanéité et leur consistance en perdant leur eau de crystallisation.

Quelques corps doivent à l'eau leur fixité : les acides, par exemple, n'acquièrent de la fixité qu'en se combinant avec l'eau.

Sous ces divers points de vue, l'eau peut être considérée comme le ciment général de la nature : les pierres et les sels qui en sont privés deviennent pulvérulens ; et l'eau facilite le rapprochement, la réunion et la consistance des débris de pierres, de sels, du gluten, &c. comme nous le voyons dans les opérations qu'on fait sur les plâtres, les luts, les mortiers, &c.

L'eau dégagée de ses combinaisons, et mise

I 3

dans un état de liberté absolue, joue un des premiers rôles dans les opérations de ce globe : elle concourt à la formation et à la décomposition de tous les corps du règne minéral; elle est nécessaire à la végétation et au libre exercice du plus grand nombre des fonctions du corps animal, et elle en hâte et facilite la destruction dès que ces êtres ne sont plus animés du principe de vie.

On a cru pendant quelque temps que c'étoit une *terre fluide :* la distillation, la trituration et la putréfaction de l'eau qui laissoient toujours un résidu terreux, ont fait croire à sa conversion en terre : on peut consulter à ce sujet *Wallerius* et *Margraaf.* Mais *Lavoisier* a fait voir que cette terre provenoit du *detritus* des vaisseaux; et le célèbre *Schéele* a démoutré l'identité de la nature de cette terre avec celle des vaisseaux de verre dans lesquels se faisoient ces opérations; de sorte que les opinions sont fixées aujourd'hui à cet égard.

Pour prendre une idée exacte d'une substance aussi essentielle à connoître, nous considérerons l'eau sous ses trois états différens, de solide, de liquide et de gaz.

ARTICLE PREMIER.

De l'Eau à l'état de glace.

LA glace est l'état naturel de l'eau, puisqu'elle y est dépourvue d'une portion du calorique, avec lequel elle est combinée lorsqu'elle se présente sous forme liquide ou gazeuse.

La conversion de l'eau en glace nous offre quelques phénomènes assez constans.

A. Le premier de tous, et en même temps le plus extraordinaire, c'est une production sensible de chaleur dans le moment que l'eau passe à l'état solide : les expériences de *Farheneit*, *Treiwald*, *Baumé*, *de Ratte* ne laissent aucun doute à ce sujet : de sorte que l'eau est plus froide au moment qu'elle se gèle que la glace elle-même.

Une agitation légère du fluide facilite sa conversion en glace, à-peu-près comme le plus léger mouvement détermine assez souvent la crystallisation de certains sels : cela tient, peut-être, à ce que, par ce moyen, on exprime et on dégage le calorique interposé qui s'opposoit à la production du phénomène ; ce qui paroît le prouver, c'est que le thermomètre monte, dès le même instant, selon *Farheneit*.

B. L'eau glacée occupe plus de volume que

I 4

l'eau fluide : nous devons les preuves de cette vérité à l'académie *del Cimento*, qui a vu des bombes et les corps les plus durs remplis d'eau se briser en éclats par la congélation de ce fluide : le tronc des arbres se partage et se divise avec fracas dès que la sève s'y gèle : les pierres se fendent du moment que l'eau dont elles sont imprégnées passe à l'état de glace.

C. La glace ne paroît être qu'une crystallisation confuse : *Mayran* a vu les aiguilles de glace s'unir sous un angle de 60 ou de 120 degrés.

Pelletier a trouvé dans un morceau de glace fistuleux des crystaux en prismes quadrangulaires applatis, terminés par deux sommets dihèdres.

Sage observe que si l'on rompt une masse de glace qui contienne de l'eau dans son centre, celle-ci s'écoule, et l'on trouve la cavité tapissée de beaux prismes tétraèdres terminés par des pyramides à quatre pans ; souvent ces prismes sont articulés et croisés. Voyez *Sage*, *Analyse chymique*, t. 1, p. 77.

Macquart a observé que quand la neige tombe à Moscou, et que l'atmosphère n'est pas trop sèche, on la voit chargée de charmantes crystallisations applaties régulièrement, et aussi minces qu'une feuille de papier : c'est une réunion de fibres qui partent du même centre pour former six principaux rayons qui se divisent eux-mêmes en petits faisceaux extrêmement brillans ; il a vu beaucoup de ces crystaux applatis qui avoient dix lignes de diamètre.

D. En passant de l'état solide à l'état liquide, il se produit du froid par l'absorption d'une portion de calorique : c'est ce qui est confirmé par les belles expériences de *Wilke.*

Cette production du froid par la fonte de la glace, est encore prouvée par l'usage où sont les limonadiers de fondre certains sels avec la glace pour déterminer un froid sous o.

La glace présente en plusieurs endroits de grandes masses qui sont connues sous le nom de *glaciers* : certaines montagnes en sont constamment couvertes, et les mers du Sud en sont surchargées. La glace formée par l'eau salée produit de l'eau douce par sa dissolution ou sa fonte ; et dans quelques provinces du Nord on concentre l'eau de la mer par la gelée pour rapprocher le sel qui y est dissous. J'ai vu également se précipiter plusieurs sels métalliques, en exposant leur dissolution à une température suffisante pour les geler, la glace qui en étoit formée n'avoit point le caractère du sel qui étoit dissous.

La grêle et la neige ne sont que des modifications de la glace : on peut considérer la grêle comme produite par le dégagement subit du fluide

électrique qui concourt à rendre l'eau fluide ;
elle est presque toujours annoncée par des coups
de tonnerre : les expériences de *Quinquet* ont confirmé cette théorie. Je rapporterai un fait dont
j'ai été témoin à Montpellier, et dont les physiciens pourront se servir avec avantage. Le 29
octobre 1786 il tomba quatre pouces d'eau à
Montpellier ; un violent coup de tonnerre, qu'on
entendit vers les quatre heures du soir, et qui
éclata très-bas, décida une chûte de grèle épou-
vantable ; un droguiste, qui étoit occupé dans
sa cave à remédier ou à prévenir les dégâts occa-
sionnés par la transsudation de l'eau à travers le
mur, fut très-étonné en voyant que tout à coup
l'eau qui suintoit sur la muraille tomboit en gla-
çons ; il appella plusieurs voisins pour partager
sa surprise ; je fus visiter ce lieu, un quart d'heure
après, et trouvai dix livres de glace amoncelées
au pied du mur. Je m'assurai qu'elle n'avoit pas
pu passer à travers le mur, qui ne laissoit appercevoir aucune lézarde et étoit par-tout dans le
meilleur état. La même cause qui décida la formation de la grèle dans l'atmosphère, agit-elle
également dans cette cave ? Je consigne un fait
et m'interdis toute conjecture.

ARTICLE II.

De l'Eau à l'état liquide.

Si l'état naturel de l'eau paroît être la glace, son état ordinaire est celui de liquide ; et sous cette forme elle a quelques propriétés générales dont nous allons nous occuper.

Les expériences de l'académie *del Cimento* avoient fait refuser à l'eau toute élasticité, puisqu'enfermée dans des boules de métal fortement comprimées, elle s'échappoit par les pores plutôt que de céder à la pression : mais de nos jours *Zimmerman* et *Mongez* ont prétendu prouver son élasticité par les mêmes expériences sur lesquelles on avoit établi l'opinion contraire.

L'état liquide rend la force d'aggrégation de l'eau moins puissante, et elle se combine plus facilement sous cette forme.

L'eau qui coule sur la surface de notre globe n'est jamais pure : l'eau de pluie est même rarement exempte de quelque mélange, comme il paroît par la belle suite d'expériences du célèbre *Margraaf.* Je me suis assuré à Montpellier, que l'eau des pluies d'orage étoit plus mélangée que celle d'une pluie douce ; que l'eau qui tombe la première est moins pure que celle qui vient après quelques heures ou quelques jours de pluie ; que l'eau qui tombe par le vent du sud contient du sel marin , tandis que celle qui est produite par un vent du nord n'en contient pas un atome.

Hippocrate a fait des observations très-importantes sur les diverses qualités de l'eau , relativement à la nature du sol , à la température du climat , &c.

Comme il importe au chymiste d'avoir à sa disposition de l'eau très-pure pour les diverses opérations délicates , il est nécessaire d'indiquer les moyens qu'on peut mettre en usage pour porter une eau quelconque à ce degré de pureté.

On purifie l'eau par la distillation : cette opération se fait dans des vaisseaux qu'on appelle *alambics.*

L'alambic est composé de deux pièces , d'une chaudière ou *cucurbite* , et d'un couvercle appellé *chapiteau.*

On met de l'eau dans la cucurbite ; on l'élève en vapeurs , par le moyen du feu , et on condense ces mêmes vapeurs, en rafraîchissant le chapiteau avec de l'eau froide ; ces vapeurs condensées coulent dans un vase destiné à les recevoir ; c'est là ce qu'on appelle *eau distillée :* elle est pure parce qu'elle a laissé dans la cucurbite les sels et autres principes fixes qui en altéroient la pureté.

La distillation est d'autant plus prompte et plus facile, que la pression de l'air est moindre sur la surface du liquide stagnant : *Lavoisier* a distillé le mercure dans le vuide ; et *Rochon* a fait une heureuse application de ces principes à la distillation. C'est à ce même principe que l'on doit rapporter les observations de presque tous les naturalistes et physiciens, qui ont vu que l'ébullition d'un liquide devenoit plus facile à mesure qu'on s'élevoit sur une montagne. C'est par une suite de ces mêmes principes que *Achard* a construit un instrument pour juger de la hauteur des montagnes par les degrés de l'ébullition. *Mongez* et *Lamanon* ont observé que l'éther s'évaporoit avec une prodigieuse facilité sur le Pic de Ténériffe. *Saussure* a confirmé ces principes sur les montagnes de la Suisse.

Il se fait par-tout à la surface de notre globe une véritable distillation : la chaleur du soleil élève l'eau en vapeurs ; celles-ci séjournent pendant quelque temps dans l'atmosphère, et retombent ensuite par le seul refroidissement pour former ce qu'on appelle *serein* ; cette ascension et cette chûte qui se succèdent lavent et purgent l'atmosphère de tous les germes qui, par leur corruption ou leur développement la rendroient infecte , et c'est peut-être cette combinaison de divers miasmes avec l'eau qui rend le *serein* si malfaisant.

C'est à une semblable distillation naturelle que nous devons rapporter le passage alternatif de l'eau de l'état liquide à l'état de vapeurs, ce qui forme les nuages, et par ce moyen porte les eaux du sein des mers sur le sommet des montagnes, d'où elles se précipitent en torrens pour se rendre dans le lit commun.

Nous trouvons des traces de la distillation de l'eau dans les siècles les plus reculés : les premiers navigateurs dans les isles de l'Archipel remplissoient leurs marmites d'eau salée, et en recevoient la vapeur dans des éponges placées dessus. Successivement on a perfectionné le procédé de distiller l'eau de la mer; et *Poissonnier* a fait connoître un appareil très-bien entendu pour se procurer sur mer de l'eau douce en tout temps et en abondance.

L'eau pure, pour être saine, a besoin d'être agitée et de se combiner avec l'air de l'atmosphère; de-là vient sans doute que l'eau provenant immédiatement de la fonte des neiges est mauvaise pour la boisson.

Les caractères des eaux potables sont les suivans.

1°. Une saveur vive, fraîche et agréable.

2°. La propriété de bouillir facilement et de bien cuire les légumes.

3°. La vertu de dissoudre le savon sans grumeaux.

ARTICLE III.

De l'Eau à l'état de gaz.

PLUSIEURS substances sont naturellement dans l'état de fluide aériforme, au degré de température de l'atmosphère : telles sont l'acide carbonique et les gaz oxigène, hydrogène et nitrogène.

D'autres substances s'évaporent à un degré de chaleur très-voisin de celui dans lequel nous vivons : l'éther et l'alkool sont dans ce cas : la première de ces liqueurs passe à l'état de gaz à la température de 35 degrés; la seconde, à celle de 80.

Quelques-unes demandent une chaleur plus forte, telles que l'eau et les acides sulfurique, nitrique, l'huile, &c.

Pour convertir l'eau en fluide aériforme, *Laplace* et *Lavoisier* ont rempli une cloche de mercure, et l'ont renversée sur une soucoupe remplie de ce métal; on a fait passer deux onces d'eau dans cette cloche, et on a donné au mercure une chaleur de 95 à 100 degrés en le plongeant dans une chaudière pleine d'eau mère de nitre ; l'eau s'est raréfiée et a occupé toute la capacité.

L'eau en passant à travers des tuyaux de pipe rougis au feu se réduit en gaz, d'après *Priestley* et *Kirwan*. L'éolipile, la pompe à feu, la marmite de papin, le procédé des verriers qui soufflent de gros ballons en jettant par la canne une bouchée d'eau, nous prouvent la conversion de l'eau en gaz.

Il s'ensuit de ces principes, que la volatilisation de l'eau n'étant que la combinaison directe du calorique avec ce liquide, les portions d'eau qui sont les plus immédiatement exposées à la chaleur doivent être les premières volatilisées ; et c'est là ce qu'on observe journellement ; car on voit constamment l'ébullition s'annoncer dans la partie la plus chauffée; mais, lorsque la chaleur est appliquée également à toutes les parties, l'ébullition est générale.

Plusieurs phénomènes nous avoient engagés à croire que l'eau pouvoit se convertir en air : le procédé des verriers pour souffler les ballons, l'orgue hydraulique de *Kircher*, les phénomènes de l'éolipile, les expériences de *Priestley* et de *Kirwan*, la manière d'attiser le feu en répandant sur les charbons une petite quantité d'eau, tout cela paroissoit annoncer la conversion de

l'eau

l'eau en air ; mais on étoit loin de penser que la plupart de ces phénomènes fussent produits par la décomposition de ce fluide, et il a fallu le génie de *Lavoisier* pour porter ce point de doctrine au degré de certitude et de précision où il me paroît être parvenu.

Macquer et *la Metherie* avoient déjà observé que la combustion de l'air inflammable produisoit beaucoup d'eau ; *Cavendish* confirmoit ces expériences en Angleterre par la combustion rapide de l'air vital et de l'air inflammable ; mais *Lavoisier*, *Laplace*, *Monges*, *Meusnier*, ont prouvé que la totalité de l'eau pouvoit être convertie en hydrogène et oxigène, et que la combustion de ces deux gaz produisoit un volume d'eau proportionné au poids des deux principes employés à cette expérience.

1°. Si on met au-dessus du mercure, dans une petite cloche de verre, une quantité connue d'eau distillée et de limaille de fer, il se dégagera peu à peu de l'air inflammable ; le fer se rouillera ; l'eau qui l'humecte diminuera et finira par disparoître : le poids de l'air inflammable qui est produit, et l'augmentation en pesanteur du fer équivalent au poids de l'eau employée. Il paroît donc prouvé que l'eau s'est réduite en deux principes, dont l'un est l'air inflammable, et l'autre est le principe qui s'est combiné avec

Tome I.

K

le métal : or , nous savons que l'oxidation des métaux est due à l'air vital ; par conséquent les deux substances produites , l'air vital et l'air inflammable , résultent de la décomposition de l'eau.

2°. En faisant passer de l'eau en vapeurs à travers un tube de fer rougi au feu, le fer s'oxide, et on obtient de l'hydrogène à l'état de gaz ; l'augmentation en poids du métal et le poids de l'hydrogène obtenu forment précisément la pesanteur de l'eau employée.

L'expérience faite à Paris , en présence d'une commission nombreuse de l'académie , me paroît ne plus laisser de doute sur la décomposition de l'eau.

On prit un canon de fusil dans lequel on introduisit un gros fil de fer applati sous le marteau ; on pesa le fer et le canon ; on enduisit le canon avec un lut propre à le garantir du contact de l'air ; il fut ensuite placé dans un fourneau, et on l'inclina de manière que l'eau pût y couler ; on plaça à son extrémité la plus élevée un entonnoir destiné à contenir l'eau et à ne la lâcher que goutte à goutte par le moyen d'un robinet ; l'entonnoir étoit fermé pour éviter toute évaporation de l'eau ; à l'autre extrémité du canon étoit placé un récipient tubulé , destiné à recevoir l'eau qui passeroit sans se décomposer ;

à la tubulure du récipient étoit adapté l'appareil pneumato-chymique. Pour plus de précaution, on fit le vuide dans tout l'appareil avant l'opération : enfin, dès que le canon fut rougi, on y introduisit l'eau goutte à goutte, on retira beaucoup de gaz hydrogène ; et, l'expérience finie, le canon eut acquis du poids, les bandes de fer qui étoient dedans furent converties en une couche d'oxide de fer noir ou d'*étiops martial* crystallisé comme la mine de fer de l'isle d'Elbe : on s'assura que le fer étoit dans le même état que celui qui est brûlé dans le gaz oxigène ; et l'augmentation du poids du fer, plus celui de l'hydrogène, formèrent exactement celui de l'eau employée.

On brûla le gaz hydrogène obtenu avec une quantité d'air vital égale à celle qui avoit été retenue par le fer, et on recomposa les 6 onces d'eau.

3°. *Lavoisier* et *Laplace*, en brûlant dans un appareil convenable un mélange de 14 parties de gaz hydrogène et de 86 oxigène, ont obtenu une quantité d'eau proportionnée. *Monges* obtenoit les mêmes résultats à Mézière dans le même temps.

L'expérience la plus concluante, la plus authentique qu'on ait faite sur la composition ou la synthèse de l'eau, est celle qui a été commencée le mardi 23 mai , et terminée le samedi 7 juin 1788 , au collége national , par *Lefevre de Gineau.*

Le volume du gaz oxigène consommé , réduit à la pression de 28 pouces de mercure à la température de 10 degrés thermomètre de *Réaumur,* étoit de 35085 pouces cubes , et son poids de 254 gros 10,5 grains.

Le volume du gaz hydrogène étoit de 74967,4 pouces cubes , et le poids 66 gros 4,3 grains.

Le gaz nitrogène et l'acide carbonique qui étoient mêlés avec ces gaz , et que l'on a tirés du récipient en neuf reprises , pesoient 39,23 grains.

Le gaz oxigène contenoit $\frac{1}{18}$ de son poids acide carbonique ; ainsi le poids des gaz brûlés étoit de 280 gros 63,8 grains ; ce qui fait 2 livres 3 onces o gros 63,8 grains.

Les vaisseaux ont été ouverts en présence des commissaires de l'académie des sciences et de plusieurs autres savans , et on a trouvé 2 liv. 3 onces o gros 33 grains d'eau : ce poids répond à celui des gaz employés, à 31 grains près. Ce *deficit* peut provenir du calorique qui tient le gaz en dissolution , qui se dissipe lorsqu'ils se fixent , et qui, quoique léger , doit nécessairement occasionner une perte.

L'eau étoit acidule au goût , et a donné 27 grains $\frac{1}{2}$ acide nitrique , lequel acide est produit par la combinaison des gaz nitrogène et oxigène.

D'après l'expérience de la décomposition de l'eau, 100 parties de ce fluide contiennent :

Oxigène. . . . . . . $84,2636 = 84\frac{1}{4}$
Hydrogène. . . . . $15,7364 = 15\frac{3}{4}$

D'après l'expérience de la composition, 100 parties d'eau contiennent,

Oxigène. . . . . $84,8 = 84\frac{4}{5}$
Hydrogène. . . . . $15,2 = 15\frac{1}{5}$

Indépendamment de ces expériences d'analyse et de synthèse, les phénomènes que nous présente l'eau dans ses divers états, confirment nos idées au sujet des principes constituans que nous lui reconnoissons : l'oxidation des métaux dans l'intérieur de la terre et à l'abri de l'air atmosphérique, l'efflorescence des pyrites et la formation des ochres, sont des phénomènes inexplicables sans le secours de cette théorie.

L'eau étant composée de deux principes connus, doit agir, comme les autres corps composés que nous connoissons, en raison des affinités de ses principes constituans ; elle doit donc céder tantôt l'hydrogène, tantôt l'oxigène.

Si on la met en contact avec des corps qui aient une plus grande affinité avec l'oxigène, tels que les métaux, les huiles, le charbon, &c. le principe oxigène s'unira à ces substances, et l'hy-

K 3

drogène devenu libre se dissipera ; c'est ce qui arrive lorsqu'on dégage le gaz hydrogène en faisant agir les acides sur quelques métaux, ou lorsqu'on plonge un fer incandescent dans l'eau, comme l'ont observé *Hassenfratz*, *Stoulfz* et *d'Hellancourt*.

Dans les végétaux, au contraire, il paroît que c'est l'hydrogène qui se fixe, tandis que l'oxigène est facilement poussé au dehors.

SECTION VIII.

Des combinaisons du gaz nitrogène, 1°. avec le gaz hydrogène formant l'ammoniaque, 2°. avec des principes terreux, formant les alkalis fixes.

IL paroît démontré que la combinaison du gaz nitrogène avec l'hydrogène forme une des substances comprises dans la classe des alkalis. Il est très-probable que les autres sont composés de ce même gaz et d'une base terreuse : c'est d'après ces considérations que nous avons cru devoir placer ici ces substances ; et nous nous y sommes déterminés avec d'autant plus de raison, que la connoissance des alkalis est indispensable et nécessaire pour pouvoir procéder avec ordre dans un cours de chymie, attendu que ce sont les

réactifs les plus employés , et que leurs combinaisons et leurs usages se présentent à chaque pas
dans les phénomènes de la nature et des arts.

On est convenu d'appeller *alkali* toute substance
caractérisée par les propriétés suivantes.

A. Saveur âcre , brûlante , urineuse.

B. Propriété de verdir le syrop de violette ,
mais non la teinture de tournesol , comme l'an-
noncent certains auteurs.

C. Vertu de former du verre quand on le fond
avec des substances quartzeuses.

D. Faculté de rendre les huiles miscibles à
l'eau , de faire effervescence avec quelques acides ,
et de former des sels neutres avec tous.

J'observerai qu'aucun de ces caractères n'est
rigoureux et exclusif , et que par conséquent ,
aucun n'est suffisant pour donner certitude sur
l'existence d'un alkali ; mais la réunion de plusieurs , forme , par ce concours , une masse de
preuves ou d'inductions qui nous conduisent jusqu'à l'évidence.

On divise les alkalis , en alkalis fixes et alkalis
volatils : c'est sur l'odeur de ces substances qu'est
établie cette distinction. Les uns se réduisent aisément en vapeur et répandent une odeur très-
piquante ; tandis que les autres ne se volatilisent
même pas au foyer du miroir ardent , et n'exhalent
aucune odeur bien caractérisée.

K 4

CHAPITRE PREMIER.

Des alkalis fixes.

ON connoît jusqu'ici deux sortes d'alkalis fixes ; l'un qu'on appelle *alkali végétal* ou *potasse*, l'autre *alkali minéral* ou *soude*.

ARTICLE PREMIER.

De l'alkali végétal, ou potasse.

L'ALKALI peut s'extraire de diverses substances ; et comme il est plus ou moins pur, selon qu'il est fourni par telle ou telle substance, on en a fait dans le commerce plusieurs variétés auxquelles on a affecté différens noms qu'il est indispensable de connoître. Le chymiste pourra confondre dans ses écrits toutes ces variétés sous une seule dénomination générale ; mais les distinctions que l'artiste a établies sont fondées sur une suite d'expériences qui ont prouvé que les vertus de ces divers alkalis étoient très-différentes, et cette variété constante dans les effets me paroît justifier les différentes dénominations qu'on a assignées.

1°. L'alkali extrait de la lessive des cendres de bois, est connu sous le nom de *salin ;* le salin calciné et débarrassé par ce moyen de tous les principes qui le noircissent, forme la *potasse*.

On appelle donc *salin* le sel provenant de la lessive des cendres de bois, réduite, rapprochée et évaporée jusqu'à siccité.

On nomme *potasse* ce même sel, calciné et blanchi par la calcination.

Pour faire du *salin*, il n'est donc question que de faire une lessive de cendres, et de l'évaporer, pour enlever, par le feu, toute l'eau qui a servi à faire la lessive.

Choix des Plantes.

Tous les végétaux ne produisent pas une égale quantité de cendres.

Toutes les cendres ne contiennent pas une égale quantité de salin.

Les plantes herbacées sont, parmi les végétaux, celles qui fournissent le plus de cendres.

Les arbustes en produisent plus que les arbres; les feuilles, plus que les branches; les branches, plus que le tronc.

Tous les produits de la vigne, depuis le sarment jusqu'à la grappe de raisin; le tartre, la lie, desséchés, et brûlés, fournissent abondamment du salin.

La dépouille ou le squelette de certaines plantes

potagères, telles que les tiges de haricots, de feves de marais, de melons, de concombres, de choux, d'artichauts, sont également riches en salin.

On peut encore brûler avec beaucoup d'avantage les feuilles de tabac, les côtes ou nervures de ces mêmes feuilles qu'on rejette dans les fabriques, le tournesol, les tiges de bled de Turquie, &c.

La fougère, la bruyère, le buis, les chardons, les branches mortes, peuvent être d'un grand secours dans l'établissement d'un attelier de salin.

Combustion des plantes.

La combustion des plantes peut s'opérer :

1°. Dans des fours ordinaires :

2°. Dans les foyers de nos maisons :

3°. Au milieu des champs ou des forêts, lorsque l'air est assez tranquille pour ne pas disperser les cendres à mesure qu'elles se forment.

Mais lorsqu'on a à brûler une quantité considérable de plantes ou de bois, et qu'on veut former des établissemens fixes et durables, on peut pratiquer dans la terre et dans un endroit sec, une fosse carrée de cinq pieds de profondeur, sur trois à quatre de diamètre. On entasse autour de ce creux les plantes et les bois qu'on destine à la combustion, et on les pousse dans ce creux jusqu'à ce que tout soit consommé.

Les cendres provenant de la combustion des bois, contiennent en général depuis cinq jusqu'à douze à quinze livres de salin par quintal: les tiges de haricots, de bled de Turquie ; les résidus de la fermentation vineuse fournissent beaucoup plus ; les bois résineux et légers sont en général peu riches en salin, et les bois flottés n'en donnent presque pas.

Lessivage des cendres et évaporation de la lessive.

Pour extraire le salin contenu dans les cendres, il est question, 1°. d'en faire la lessive par les procédés usités dans les ménages ; 2°. de réduire et d'évaporer cette lessive jusqu'à siccité, pour séparer toute l'eau qui tient le salin en dissolution.

L'attelier du fabricant de salin doit varier selon l'extension qu'il donne à ses travaux.

Si un particulier veut fabriquer du salin dans son ménage, il doit lessiver ses cendres dans des cuviers ordinaires, et évaporer la lessive dans une simple marmite de fer.

Mais dans des atteliers considérables de salin, on fait la lessive de cendres dans des cuviers de bois, qui peuvent en contenir de vingt-cinq à quarante quintaux. On repasse la lessive sur de nouvelles cendres pour lui faire acquérir une plus grande force, et économiser par ce moyen les frais et le temps dans l'évaporation, et on évapore dans des chaudières de fer et de fonte.

Mais il faut observer, 1°. que pendant le temps que se fait l'évaporation, il convient d'ajouter peu à peu de la nouvelle lessive pour remplacer l'eau qui s'évapore, et obtenir par ce moyen une plus grande quantité de salin de la même cuite.

2°. Que lorsque la liqueur commence à s'épaissir, il est nécessaire d'agiter sans interruption, et de soutenir ce mouvement jusqu'à ce que l'évaporation soit terminée ; sans cette précaution, il se forme une croûte qui ralentit l'évaporation, et le salin se fixe et s'attache sur les parois de la chaudière, à tel point qu'on ne peut l'en séparer que difficilement.

3°. Si on n'a pas à sa disposition d'assez grands vases de fer, on peut commencer l'évaporation dans des chaudières de cuivre ; et lorsque la liqueur est très-épaissie, on la porte dans des marmites de fer où se termine l'opération ; mais il faut bien se donner de garde de compléter le desséchement dans les vases de cuivre, parce qu'on les brûleroit ou détruiroit en très-peu de temps.

Lorsque le salin est fabriqué , on le met dans de petits tonneaux bien fermés pour que l'air ne puisse pas y pénétrer , et on le conserve dans cet état jusqu'au moment qu'on l'emploie.

Les cendres lessivées peuvent servir à deux usages. 1°. Elles sont employées avec succès dans les verreries ..... erre noir.

2°. Elles forment un engrais très-précieux et très-recherché pour les prairies humides ou marécageuses.

Presque toute la potasse vendue dans le commerce pour le service de nos verreries , de nos savonneries , de nos blanchisseries , &c. est fabriquée dans le Nord , où l'abondance du bois permet de l'exploiter pour ce seul usage. On pourroit établir avec économie de semblables atteliers dans les forêts de notre République ; mais il y a plus à faire qu'on ne l'imagine pour tourner nos habitans des montagnes vers ce genre d'industrie ; j'en ai acquis la preuve par des tentatives et des sacrifices assez considérables que j'ai faits pour assurer cette ressource aux communes voisines des forêts de *Laigoual* et de *Lesperou*. Les calculs rigoureux que j'ai faits m'ont néanmoins démontré que la potasse ne revenoit qu'à 15 ou 17 liv. le quintal , tandis que nous achetions celle du Nord 30 ou 40 liv.

2°. La lie de vin se réduit presque toute en

alkali par la combustion , et on appelle cet alkali *cendres gravelées :* elles ont presque toujours une couleur verdâtre : on regarde cet alkali comme très-pur. 100 liv. de lie fournissent de 4 à 6 liv. d'alkali.

3.°. La combustion du tartre du vin fournit aussi un alkali assez pur : il brûle ordinairement dans des cornets de papier qu'on trempe dans l'eau et qu'on expose sur les charbons ardens. Pour le purifier , on dissout dans l'eau le résidu de la combustion , on rapproche la dissolution sur le feu , on sépare les sels étrangers à mesure qu'ils se précipitent , et on obtient un alkali très-pur qu'on connoît sous le nom de *sel de tartre.*

Pour me procurer le sel de tartre plus promptement et avec plus d'économie , j'embrase un mélange de parties égales de nitrate de potasse et de tartre ; je lessive le résidu et obtiens du beau sel de tartre.

Le sel de tartre est l'alkali le plus employé pour les usages de la médecine , et on l'ordonne à la dose de quelques grains.

4°. Si on fait fuser le salpêtre sur les charbons, l'acide se décompose et se dissipe , l'alkali reste seul et à nud ; c'est ce qu'on appelle *alkali extemporané.*

Lorsque l'alkali végétal a été ramené à son

plus grand degré de pureté , il attire l'humidité de l'air et se résout en liqueur ; c'est cet état qui est connu sous le nom très-impropre *d'huile de tartre par défaillance , oleum tartari per deliquium.*

ARTICLE II.

De l'alkali minéral , ou soude.

L'ALKALI minéral a reçu ce nom , parce qu'il fait la base du sel marin.

On retire celui-ci des plantes marines par la combustion : à cet effet, on forme des amas de ces plantes salées ; on creuse, à côté de ces tas, une fosse ronde, qui s'élargit vers le fond , et qui a trois ou quatre pieds de profondeur ; c'est dans ce foyer qu'on brûle ces végétaux : la combustion se continue sans interruption pendant plusieurs jours ; et , lorsque toutes les plantes sont brûlées , on trouve une masse de sel alkali qu'on divise en morceaux pour en faciliter la vente et le transport ; c'est ce qui est connu sous le nom de *pierre de soude* ou *soude.*

Toutes les plantes marines ne donnent pas la même qualité de soude : la *barille* d'Espagne fournit la belle soude d'Alicante. Je me suis assuré qu'on peut la cultiver sur nos bords de la Méditerranée avec le plus grand succès ; cette culture intéresse essentiellement les arts et le commerce, et le Gouvernement devroit encourager ce nouveau genre d'industrie : le particulier le plus dévoué au bien public fera de vains efforts pour nous approprier ce commerce, s'il n'est puissamment secondé par le Gouvernement, parce que le Ministère Espagnol a défendu la sortie de la graine de barille sous les peines les plus graves. Nous cultivons en Languedoc et en Provence, sur les bords de nos étangs, une plante connue sous le nom de *salicor*, et qui fournit une soude de bonne qualité ; mais les plantes qui croissent sans culture produisent une soude inférieure. J'ai fait une analyse rigoureuse de chaque espèce : on peut en voir les résultats à l'article *VERRERIE de l'Encyclopédie méthodique*.

On débarrasse l'alkali minéral de tous les sels étrangers, en le faisant dissoudre dans l'eau, et séparant les divers sels à mesure qu'ils se précipitent ; les dernières portions de liqueur rapprochées donnent la soude qui crystallise en octaèdres rhomboïdaux.

L'alkali minéral est quelquefois natif : on le trouve en cet état en Egypte, où il est connu sous le nom de *natron* : les deux lacs de natron décrits par *Sicard* et *Volney*, sont situés dans le désert de *Caïat* ou de *Saint-Macaire*, à l'ouest du *Delta* ; leur lit est une fosse naturelle de trois à

quatre

quatre lieues de long sur un quart de lieue de large, le fond en est solide et pierreux ; il est sec pendant neuf mois de l'année ; mais en hiver il transude de la terre une eau d'un rouge violet qui remplit le lac à cinq ou six pieds de hauteur ; le retour des chaleurs l'évapore, et il reste une couche de sel épaisse de deux pieds, et que l'on détache à coups de barres de fer : on en retire jusqu'à 36,000 quintaux par an. Les lacs de la basse Hongrie fournissent aussi beaucoup de *natron*.

Proust a trouvé du natron sur les schistes qui forment les fondations de la ville d'*Angers* ; le même chymiste en a trouvé sur une pierre de moëllon de la Salpêtrière de Paris.

L'alkali minéral diffère du végétal en ce que, 1°. il est moins caustique ; 2°. il effleurit à l'air, bien loin d'en attirer l'humidité ; 3°. il crystallise en octaèdres rhomboïdaux ; 4°. il forme des produits différens avec les mêmes bases ; 5°. il est plus propre à la vitrification.

Les alkalis existent-ils tout formés dans les végétaux, ou sont-ils le produit des diverses opérations qu'on fait pour les en extraire ? Cette question a partagé les chymistes. *Duhamel* et *Grosse* ont prouvé, en 1732, l'existence de l'alkali dans la crême de tartre, en la traitant par les acides nitrique, sulfurique, &c. *Margraaf* en a donné de nouvelles preuves dans un mémoire qui forme

Tome I. L

le XXVe de sa collection. *Rouelle* lut un mémoire à l'académie, le 14 juin 1769, sur le même sujet; il assure même que cette vérité lui étoit connue avant que l'ouvrage de *Margraaf* eût paru. *Voyez* le Journal de Phys. t. 1, *in*-4°.

Rouelle et *Bullion* ont prouvé que le tartre existoit dans le moût.

Il ne faut pas conclure de l'existence de l'alkali dans les végétaux, qu'il y est à nud; il s'y trouve combiné avec les acides, des huiles, &c.

Les alkalis, tels que nous venons de les faire connoître, lors même que par des dissolutions, filtrations et évaporations convenables on les a débarrassés de tout mélange, ne sont pas pour cela à ce degré de pureté et de nudité qui devient nécessaire dans beaucoup de cas; ils sont presque à l'état de sels neutres par leur combinaison avec l'acide carbonique : lorsqu'on veut dégager cet acide, on dissout l'alkali dans l'eau, et on fait éteindre de la chaux vive dans la dissolution; celle-ci s'empare de l'acide carbonique de l'alkali, et lui donne son calorique en échange. Nous suivrons les circonstances de cette opération, lorsque nous aurons occasion de parler de la chaux.

L'alkali ainsi privé d'acide carbonique ne fait plus effervescence avec les acides; il est plus caustique, plus violent, s'unit plus aisément aux huiles, et on l'appelle *alkali caustique*, *potasse pure*, *soude pure*.

Cet alkali évaporé et rapproché jusqu'à siccité, forme ce qu'on connoît sous le nom de *pierre à cautère*, *potasse fondue*, *soude fondue*. La vertu corrosive de la pierre à cautère dépend sur-tout de l'avidité avec laquelle elle se saisit de l'humidité et tombe en *deliquium*.

L'alkali caustique, tel qu'on le prépare, contient toujours une petite quantité d'acide carbonique, de silice, de fer, de chaux, &c. *Berthollet* a proposé le moyen suivant pour le purifier : il rapproche la lessive caustique jusqu'à lui donner un peu de consistance, la mêle avec l'alkool, et en retire une partie par la distillation ; la cornue refroidie, il trouve des crystaux mêlés à une terre noirâtre dans un peu de liqueur de couleur foncée qui est séparée de l'alkool de potasse qui surnage comme une huile. Ces crystaux sont l'alkali saturé d'acide carbonique ; ils sont insolubles dans l'esprit-de-vin. Le dépôt est formé de silice, de chaux, de fer, &c.

L'alkool d'alkali caustique très-pur, surnage la dissolution aqueuse qui contient l'alkali effervescent : si on rapproche au bain de sable l'alkool d'alkali, il s'y forme des crystaux transparens qui ne sont que l'alkali pur ; ces crystaux paroissent formés par des pyramides qua-

drangulaires implantées les unes dans les autres ;
ils sont très - déliquéscens , se dissolvent dans
l'eau et l'alkool , et produisent du froid par
leur dissolution. *Voyez* Journal de Phys. 1786,
page 401.

Les alkalis dont nous venons de parler se combinent aisément avec le soufre.

On peut opérer cette combinaison, 1°. par
la fusion de parties égales d'alkali et de soufre ;
2°. en faisant digérer l'alkali pur et liquide sur
le soufre : l'alkali devient d'un jaune rougeâtre.

Ces dissolutions de soufre par l'alkali sont
connues sous les noms de *foies de soufre* , *sulfures
d'alkali* , &c.

L'odeur qu'elles exhalent est puante et sent les
œufs pourris ; c'est ce gaz puant qu'on appelle
gaz hépatique , &c.

On peut en précipiter le soufre par les acides,
et il en résulte ce qu'on trouve dans les anciens
écrits sous les dénominations de *lait de soufre* et
de *magistère de soufre*.

Ces sulfures dissolvent les métaux : l'or lui-
même peut y être tellement divisé , qu'il passe par
les filtres. *Sthal* a supposé que *Moyse* s'étoit servi
de ce moyen pour faire boire le veau d'or aux
Israélites.

Quoique l'analyse des deux alkalis fixes ne
soit pas rigoureuse , plusieurs expériences nous

portent à croire que le nitrogène en est un des principes. *Thouvenel* ayant exposé de la craie lessivée aux exhalaisons des substances animales en putréfaction, a obtenu du nitrate de potasse. J'ai répété l'expérience dans une chambre close, de six pieds en quarré : 25 livres de craie bien lavée dans l'eau chaude et exposée aux exhalaisons du sang de bœuf en putréfaction pendant onze mois, m'ont fourni neuf onces nitrate de chaux rapproché à siccité, et trois onces un gros de crystaux de nitrate de potasse.

La distillation réitérée des savons les décompose et fournit de l'ammoniaque. Or, l'analyse de ce dernier par *Berthollet*, y a démontré l'existence du gaz nitrogène comme principe constituant : il y a donc lieu de présumer que le gaz nitrogène est un des principes des alkalis fixes.

L'expérience de *Thouvenel* et les miennes me portent à croire, que ce gaz combiné avec la chaux forme la potasse, tandis que son union avec la magnésie forme la soude : ce dernier sentiment est appuyé sur les expériences, 1°. de *Dehne* qui a retiré la magnésie de la soude, *Nouvel. chymiq. de Crell.* page 53, publié en 1781 ; 2°. de *Deyeux* qui a obtenu de semblables résultats, même antérieurement à *Dehne* ; 3°. de *Lorgna* qui a retiré beaucoup de magnésie, en dissol-

vant , évaporant et calcinant la soude à plusieurs reprises. *Journal de Physique*, *décembre 1787.*
Osburg a confirmé ces diverses expériences en
1785.

CHAPITRE II.

De l'Ammoniaque , ou alkali volatil.

JUSQU'ICI nos recherches ne nous ont présenté
qu'une seule espèce d'alkali volatil : la formation
en paroît due à la putréfaction ; et si la distillation de quelques schistes nous la présente, c'est
que leur origine est assez généralement attribuée
à la décomposition végétale et animale : nous
y retrouvons assez fréquemment l'empreinte des
poissons qui dépose en faveur de cette opinion.
Quelques plantes fournissent aussi de l'alkali volatil, et c'est à raison de ce phénomène qu'on les
a appellées des plantes animales. Mais ce sont sur-
tout les animaux qui fournissent de l'ammoniaque : la distillation de toutes leurs parties en
donne assez abondamment ; mais les cornes sont
celles qu'on emploie de préférence, et elles se
résolvent presqu'en entier en huile et alkali volatil. La putréfaction de toutes les substances animales produit de l'alkali volatil ; et dans ce cas,
de même que dans la distillation, il se forme
par la combinaison des deux principes qui la

constituent ; car l'analyse ne démontre très-souvent aucun alkali formé dans les parties où la distillation et la putréfaction en produisent abondamment.

Presque tout l'alkali volatil dont on fait usage dans le commerce et dans la médecine, est fourni par la décomposition du sel ammoniac. C'est même à raison de cela que les chymistes qui ont rédigé la nouvelle nomenclature ont consacré l'alkali volatil sous le nom d'*ammoniaque*.

Pour obtenir l'ammoniaque bien pure, on mêle parties égales de chaux vive tamisée et de muriate d'ammoniaque bien pilé ; on introduit de suite le mélange dans une cornue à laquelle on adapte un récipient et l'appareil de *Woulf*; on distribue dans les flacons une quantité d'eau pure correspondante au poids du sel employé ; on lutte les jointures des vases avec les luts ordinaires : l'ammoniaque se dégage à l'état de gaz à la première impression du feu, elle se combine à l'eau avec chaleur ; et lorsque l'eau du premier flacon est saturée, le gaz passe dans celle du second et la saoule à son tour.

L'alkali volatil s'annonce par une odeur très-violente sans être désagréable ; il se réduit aisément à l'état de gaz, et conserve cette forme à la température de l'atmosphère : on peut obtenir ce gaz en décomposant le muriate d'ammoniaque

L 4

par la chaux vive, et recevant le produit dans l'appareil au mercure.

Ce gaz alkalin tue les animaux et leur corrode la peau. L'irritation est telle, que j'ai vu survenir des ampoules sur tout le corps de quelques oiseaux que j'avois exposés à son atmosphère.

Ce gaz est impropre à la combustion ; mais si on y plonge doucement une bougie, la flamme s'agrandit avant de s'éteindre, et le gaz se dé-compose. Il est plus léger que l'air atmosphérique: on l'a même indiqué, à raison de cette légéreté, pour remplir des ballons. *De Milly* avoit proposé de placer un réchaud sous le ballon pour entre-tenir le gaz dans le plus grand degré d'expansi-bilité.

Les expériences de *Priestley* qui, par le moyen de l'étincelle électrique, avoit changé le gaz alkalin en gaz hydrogène ; celles de *Landriani* qui, en faisant passer le même gaz à travers des tubes de verre rougis, en avoit retiré beaucoup de gaz hydrogène, avoient fait soupçonner l'existence de l'hydrogène parmi les principes du gaz alkalin ; mais les expériences de *Berthollet* ont éclairci nos doutes à ce sujet, et toutes les observations paroissent se réunir pour nous autoriser à regar-der cet alkali comme composé de gaz nitrogène et hydrogène.

1°. Si on mêle de l'acide muriatique oxigéné

avec de l'ammoniaque bien pure , il y a effervescence , dégagement de gaz nitrogène , production d'eau et conversion de l'acide oxigéné en acide muriatique ordinaire. Dans cette belle expérience , l'eau qui se produit se forme par la combinaison de l'hydrogène de l'alkali et de l'oxigène de l'acide ; le gaz nitrogène devenu libre se dissipe.

2°. En distillant du nitrate d'ammoniaque , on retire du gaz nitrogène , et on trouve dans le récipient plus d'eau que n'en contient le sel employé ; il n'existe plus d'ammoniaque après l'opération , l'eau du récipient est légérement chargée d'un peu d'acide nitrique qui a passé : dans ce cas , l'hydrogène de l'alkali et l'oxigène de l'acide forment l'eau du récipient , tandis que le nitrogène s'échappe.

3°. Si on chauffe des oxides de cuivre ou d'or avec le gaz ammoniac , on obtient de l'eau et du gaz nitrogène , et les métaux sont réduits.

J'ai observé que des oxides d'arsenic mis à digérer avec de l'ammoniaque , se réduisoient et donnoient lieu à la formation d'octaèdres d'arsenic : il y a , dans ce cas , dégagement de gaz nitrogène et formation d'eau.

4°. Il arrive très-souvent qu'en faisant dissoudre des métaux , tels que le cuivre ou l'étain , par le moyen de l'acide nitrique , il y a absorption d'air et non dégagement du gaz nitreux qu'on attendoit. J'ai vu plusieurs personnes très-embarrassées dans des cas semblables , et je l'ai été souvent moi - même. Ce phénomène a lieu sur-tout quand on emploie de l'acide concentré et du cuivre en limaille très-fine. Dans ce cas il se produit de l'ammoniaque ; j'en avois rendu mes auditeurs témoins long-temps avant que je connusse la théorie de sa formation. Ce qui me porta à soupçonner son existence, c'est la couleur bleue que prend la dissolution dans ce cas. Cette ammoniaque est produite par la combinaison de l'hydrogène de l'eau avec le gaz nitrogène de l'acide nitrique , tandis que l'oxigène du même acide et celui de l'eau oxident le métal et préparent sa dissolution ; c'est à une semblable cause que nous devons rapporter l'expérience de *Jean-Michel Haussmann* de Colmar , qui , en faisant passer du gaz nitreux à travers une certaine quantité de précipité de fer dans l'appareil au mercure , a vu que ce gaz étoit promptement absorbé et la couleur du fer changée ; on trouva dans les vases de la vapeur d'ammoniaque.

C'est d'après une semblable théorie que nous pouvons concevoir la formation du gaz alkalin par le mélange du gaz hépatique et du gaz nitreux sur du mercure. *Observation de Kirwan.*

Austin a formé de l'ammoniaque , mais il a observé que la combinaison du gaz nitrogène avec la base de l'hydrogène ne se faisoit que lorsque celui-ci est très-condensé.

La formation de l'ammoniaque par la distillation et la putréfaction me paroît encore indiquer quels sont les principes qui la constituent. En effet, dans l'une et l'autre de ces opérations il y a dégagement de gaz hydrogène ét nitrogène, et leur combinaison produit l'ammoniaque.

Berthollet a prouvé par voie de décomposition, que 1000 parties d'ammoniaque en poids étoient composées d'environ 807 gaz nitrogène et 193 hydrogène. *Voyez le recueil de l'académie , année 1784 , page 316.*

Suivant *Austin* , le gaz nitrogène est à l'hydrogène :: 121 : 32.

SECTION IX.

De la combinaison de l'oxigène avec certaines bases , formant des Acides.

IL paroît hors de doute que les corps que nous sommes convenus d'appeller *acides* , sont la combinaison de l'oxigène avec une substance élémentaire.

L'analyse de presque tous les acides dont les

principes sont connus , établit cette vérité d'une manière positive ; et c'est à raison de cette propriété qu'on a donné à l'air vital la dénomination de *gaz oxigène*.

On appelle *acide* toute substance caractérisée par les propriétés suivantes.

A. Le mot *aigre* , employé généralement pour désigner l'impression ou la sensation vive et piquante que font certains corps sur la langue , peut être regardé comme synonyme du mot *acide*. La seule différence qu'on puisse établir entre eux , c'est que l'un désigne une sensation foible , tandis que l'autre comprend tous les degrés de force depuis la saveur la moins développée jusqu'à la causticité la plus marquée. On dira , par exemple , que la saveur du verjus , de l'oseille , du citron est aigre ; mais on se servira du mot *acide* pour exprimer l'impression que font sur la langue les acides nitrique , sulfurique , muriatique , &c.

Il paroît que c'est la tendance très-marquée à la combinaison qu'ont les acides , qui détermine leur causticité : c'est d'après cette propriété que l'immortel *Newton* les a définis des corps qui attirent et sont attirés.

C'est encore d'après elle que quelques chymistes ont supposé les acides munis de pointes.

C'est par rapport à cette affinité marquée

qu'ont les acides avec les divers corps que nous ne les trouvons que rarement à nud.

B. Une seconde propriété des acides, c'est de changer en rouge quelques couleurs bleues végétales, telles que celles du tournesol, du sirop de violette, &c. On se sert assez généralement de ces deux réactifs pour reconnoître leur présence.

On prépare la teinture de tournesol, en faisant infuser légérement dans l'eau ce qui est connu dans le commerce sous le nom de *tournesol* : si l'eau est trop chargée du principe colorant, l'infusion est violette, et il faut alors l'affoiblir avec de l'eau pour lui donner la couleur bleue : la teinture de tournesol exposée au soleil y devient rouge, même dans les vaisseaux fermés ; et, quelque temps après, la partie colorante se dégage et se précipite en une matière mucilagineuse décolorée. On peut employer l'alkool à la place de l'eau pour préparer cette teinture.

On croit assez généralement que le tournesol fabriqué en Hollande, n'est que la partie colorante extraite des chiffons ou drapeaux de tournesol du *Grand-Galargues*, et précipitée sur une terre marneuse : ces chiffons se préparent en les imprégnant du suc de *morelle*, et les exposant à la vapeur de l'urine qui y développe la couleur bleue : ces drapeaux sont envoyés en Hollande,

et c'est ce qui a fait croire qu'on les employoit
à la fabrication du tournesol. Mais des recherches ultérieures m'ont appris que ces drapeaux
étoient adressés à des marchands de fromage ;
que ceux-ci en tiroient la couleur par l'infusion,
et en lavoient leurs fromages pour leur donner
une couleur rouge. Je me suis convaincu par l'analyse du tournesol, que le principe colorant étoit
de la même nature que celui de l'*orseille*, et que ce
principe étoit fixé sur une terre calcaire mêlée à
une petite quantité de potasse : d'après cette analyse, j'ai essayé de faire fermenter le *lichen parellus
d'Auvergne*, avec l'urine, la chaux et l'alkali,
et j'ai obtenu une pâte semblable au tournesol:
l'addition de l'alkali me paroît nécessaire pour
empêcher le développement de la couleur rouge,
qui, combinée avec le bleu, forme le violet de
l'orseille.

Pour essayer un acide concentré avec le sirop
de violette, il y a deux observations à faire.
1°. Le sirop de violette est souvent verd, parce
que la pétale de la violette contient une partie
jaune à sa base, qui, combinée avec le bleu,
fournit cette couleur ; il est donc essentiel de
n'employer que le bleu de la pétale pour avoir
une belle infusion bleue. 2°. Il faut avoir la
précaution d'étendre et de délayer le sirop avec
une certaine quantité d'eau, sans cela les acides

concentrés, tels que le sulfurique , le brûlent et forment un charbon.

On peut employer la simple infusion de violettes à la place du sirop.

La partie colorante de l'*indigo* n'est pas sensible à l'impression des acides : le sulfurique le dissout sans en altérer la couleur.

C. Un troisième caractère des acides , c'est de faire effervescence avec les alkalis ; mais cette propriété n'est pas générale , 1°. parce que l'acide carbonique et presque tous les acides foibles ne peuvent pas se reconnoître à cette propriété ; 2°. parce que les alkalis les plus purs se combinent paisiblement et sans effervescence avec les acides.

N'y a-t-il qu'un seul acide dans la nature , dont les autres ne soient que des modifications ?

Paracelse avoit admis un principe acide universel , qui communiquoit à tous ces composés la saveur et la dissolubilité.

Becher crut que ce principe étoit composé d'eau et de terre vitrifiable.

Sthal a essayé de prouver que l'acide sulfurique étoit l'acide universel , et son sentiment a été celui de presque tous les chymistes pendant long-temps.

Meyer soutint, long-temps après, que l'élément acide étoit le *causticum* contenu dans le feu ; ce système fondé sur quelques faits connus a eu des partisans.

Landriani a cru être parvenu à ramener tous les acides à l'acide carbonique , parce qu'en les traitant tous de diverses manières , il obtenoit ce dernier pour résultant constant de ses analyses : il a été induit en erreur , en ce qu'il n'a pas fait assez d'attention à la décomposition des acides qu'il employoit , et à la combinaison de leur oxigène avec le carbone des corps dont il se servoit dans ses expériences , ce qui lui produisoit l'acide carbonique.

Enfin , l'analyse et la synthèse rigoureuses de la plupart des acides connus , ont prouvé à *Lavoisier* que l'oxigène formoit la base de tous et que leurs différences et leurs variétés ne provenoient que de la substance avec laquelle ce principe commun étoit combiné.

L'oxigène uni aux métaux forme les oxides ; et , parmi ces derniers , il en est qui ont des propriétés acides , et sont classés parmi eux.

L'oxigène combiné avec des corps inflammables, tels que le soufre , le carbone , les huiles , forme d'autres acides.

L'action des acides sur tous les corps , ne peut se concevoir qu'en partant des données que nous venons d'établir sur la nature de leurs principes constituans.

L'adhésion

L'adhésion de l'oxigène à la base est plus ou moins forte dans les divers acides ; conséquemment leur décomposition est plus ou moins facile. Ainsi, par exemple, dans les dissolutions métalliques, qui n'ont lieu que lorsque le métal est à l'état d'oxide, l'acide qui cédera son oxigène avec le plus de facilité pour oxider le métal, aura sur lui l'action la plus énergique ; de-là vient que l'acide nitrique et l'acide nitro-muriatique sont ceux qui dissolvent le plus aisément ; de-là vient encore que l'acide muriatique dissout plus facilement les oxides que les métaux, et que l'acide nitrique fait l'inverse ; tandis que ce dernier agit si puissamment sur les huiles, &c.

Il est impossible de concevoir et d'expliquer les divers phénomènes que nous présentent les acides dans leurs opérations, si on n'en connoît les principes constituans. *Sthal* n'auroit point cru à la formation du soufre, s'il avoit suivi la décomposition de l'acide sulfurique sur le charbon ; et, à l'exception des combinaisons des acides avec les alkalis et avec quelques terres, ces substances se décomposent en tout ou en partie dans toutes les opérations qui se font sur les métaux, les végétaux et les animaux, comme nous le verrons en observant les divers phénomènes qui se présentent dans tous ces cas.

Tome I.   M

Nous ne parlerons en ce moment que de quelques acides ; il sera question des autres, à mesure que nous traiterons des diverses substances qui les fournissent : nous nous occuperons ici de préférence de ceux qui sont les plus connus, et qui jouent le plus grand rôle dans les opérations de la nature et dans celles de nos laboratoires.

CHAPITRE PREMIER.

De l'Acide carbonique.

CET acide est presque toujours à l'état de gaz. Nous trouvons que les anciens en avoient quelques connoissances. *Van-Helmont* l'appelloit *gaz silvestre*, *gaz du moût* ou *de la vendange*. *Becher* lui-même en avoit une idée assez précise, comme il paroît par le passage suivant : *distinguitur autem inter fermentationem apertam et clausam ; in apertâ potus fermentatus sanior est, sed fortior in clausâ : causa est quod evaporentia rarefacta corpuscula, imprimis magna adhuc silvestrium spirituum copia, de quibus antea egimus, retineatur et in ipsum potum se precipitet unde valde eum fortem reddit.*

Hoffmann avoit attribué la vertu de la plupart des eaux minérales à un *esprit élastique* qui y étoit contenu. *Venel*, célèbre professeur des écoles de

Montpellier, a prouvé en 1750, que les eaux de Seltz devoient leur vertu à de l'air surabondant.

En 1755, *Black* d'Edimbourg avança que la pierre à chaux contenoit beaucoup d'air différent de l'air ordinaire ; il prétendit que le dégagement de cet air constituoit la chaux, et qu'en lui redonnant cet air, on régénéroit la pierre calcaire. En 1764 *Macbride* étaya cette doctrine de nouveaux faits : *Jacquin*, professeur à Vienne, reprit le travail, multiplia les expériences sur la manière d'extraire cet air, et ajouta de nouvelles preuves pour confirmer que l'absence de cet air rendoit les alkalis caustiques et formoit la chaux. *Priestley* porta dans cette matière toute la clarté et toute la précision qu'on pouvoit attendre de son génie et de son habitude dans des travaux de cette nature. Cette substance fut alors connue sous le nom d'*air fixe*. En 1772, *Bergmann* démontra que ce gaz étoit acide, et il l'appela *acide aérien*. Depuis ce chymiste célèbre, on l'a désigné sous les noms d'*acide méphitique*, d'*acide crayeux*, &c. et dès qu'il a été prouvé que c'étoit la combinaison de l'oxigène et du carbone ou charbon pur, on lui a consacré le nom d'*acide carbonique*.

On trouve l'acide carbonique sous trois états différens, 1°. à l'état de gaz, 2°. à l'état de mélange, 3°. à l'état de combinaison.

Il se présente à l'état de gaz, à la Grotte du

chien près de Naples, au puits de Pérols près de Montpellier, dans celui de Neyrac en Vivarais, sur la surface du lac Averne en Italie, et sur celle de plusieurs sources ; dans quelques souterrains, tels que les tombeaux, les caves, les fosses d'aisance, &c. il se dégage sous cette forme, par la décomposition des végétaux entassés, par la fermentation de la vendange ou de la bière, par la putréfaction des matières animales, &c.

Il est à l'état d'un simple mélange dans les eaux minérales, puisqu'il y jouit de toutes ses propriétés acides.

Il est dans un état de combinaison, dans la pierre à chaux, la magnésie ordinaire, les alkalis, &c.

On emploie divers procédés pour le recueillir, selon qu'il se présente dans tel ou tel état.

Iº. Lorsque l'acide carbonique est à l'état de gaz, on peut le recueillir, 1º. en remplissant une bouteille d'eau et la vuidant dans l'atmosphère de ce gaz ; l'acide prend la place de l'eau, et on bouche tout de suite la bouteille pour retenir ce gaz ; 2º. en exposant dans son atmosphère de l'eau de chaux, des alkalis caustiques, ou même de l'eau pure : cet acide gazeux se mêle, se combine ou se dissout dans ces substances, et on peut l'en extraire ensuite par les réactifs dont nous parlerons dans le moment.

II°. Si l'acide carbonique est dans un état de combinaison, on peut l'extraire, 1°. par la distillation à un feu violent ; 2°. par la réaction des autres acides, tels que le sulfurique qui a l'avantage de n'être pas volatil, et conséquemment de ne pas altérer par son mélange l'acide carbonique qui se dégage.

III°. Lorsque l'acide carbonique est dans l'état de simple mélange, comme dans l'eau, les vins mousseux, &c. on peut l'obtenir, 1°. par l'agitation du liquide qui le contient, comme le pratiquoit *Venel*, qui en remplissoit à demi une bouteille à laquelle il adaptoit une vessie mouillée ; 2°. par la distillation de ce même liquide. Ces deux premiers moyens ne sont point rigoureux. 3°. Le procédé indiqué par *Gioanetti* consiste à précipiter l'acide carbonique par le moyen de l'eau de chaux ; on pèse le précipité et on en déduit les treize trente-deuxièmes pour la proportion dans laquelle l'acide carbonique s'y trouve : l'analyse a démontré à ce célèbre médecin que 32 parties de carbonate de chaux contenoient 17 chaux, 2 eau, et 13 acide.

Cette substance est acide : 1°. la teinture du tournesol agitée dans un flacon rempli de ce gaz devient rouge ; 2°. l'ammoniaque versée dans un vase plein de ce gaz le neutralise ; 3°. l'eau imprégnée de ce gaz est très-aigrelette ; 4°. il neutralise les alkalis et les emmène à crystallisation.

Il nous reste à présent à examiner les principales propriétés de ce gaz acide.

A. Il est impropre à la respiration : l'histoire nous apprend que deux esclaves que Tibère fit descendre dans la Grotte du chien, furent étouffés sur le champ ; et deux criminels, que *Pierre de Tolede*, viçe-roi de Naples, y fit enfermer, eurent le même sort. *Nollet*, qui se hasarda à en respirer la vapeur, sentit quelque chose de suffoquant et une légère âcreté qui détermina la toux et l'éternuement. *Pilatre du Rozier*, que nous retrouvons dans toutes les occasions où il y a quelque danger à courir, se fit attacher par des cordes fixées à ses aisselles, et descendit dans l'atmosphère gazeuse d'une cuve de bière en fermentation ; à peine fut-il entré dans la mofette, que de légers picotemens le contreignirent à fermer les yeux ; une suffocation violente l'empêcha de respirer ; il éprouva un étourdissement accompagné de ces bourdonnemens qui caractérisent l'apoplexie : et, lorsqu'on l'eut retiré, sa vue resta obscurcie pendant quelques minutes, le sang avoit engorgé les jugulaires, le visage étoit devenu pourpre, il n'entendoit et ne parloit que très-difficilement : tous ces symptomes disparurent peu à peu.

C'est ce gaz qui a produit de si fâcheux accidens, à l'ouverture des caveaux, dans les lieux où l'on fait fermenter la vendange., le cidre , la bière , &c. Les oiseaux plongés dans le gaz acide carbonique y périssent subitement : le fameux lac Averne , où *Virgile* a placé l'entrée des enfers , exhale une si grande quantité d'acide carbonique., que les oiseaux ne peuvent pas voler dessus impunément. Lorsque le *boulidou* de *Perols* est à sec , les oiseaux qui cherchent à se désaltérer dans les ornières , sont enveloppés dans la vapeur méphitique et y périssent.

Des grenouilles plongées dans l'atmosphère de l'acide carbonique y vivent 40 à 66 minutes en suspendant la respiration.

Les insectes s'y engourdissent , après quelque temps de séjour , et reprennent leur gaîté du moment qu'on les expose à l'air libre.

Bergmann a prétendu que cet acide suffoquoit en éteignant l'irritabilité : il se fonde sur ce qu'ayant tiré le cœur d'un animal mort dans l'acide carbonique avant qu'il fût refroidi , il ne donna aucun signe d'irritabilité. *Landriani* a été plus loin , car il a avancé que ce gaz appliqué sur la peau éteignoit l'irritabilité , et a soutenu qu'en liant au côl d'une poule une vessie pleine de ce gaz , de façon que la seule tête de l'animal fût dans l'air libre et tout le corps enveloppé dans la vessie , la poule périssoit sur le champ. *Fontana* a répété

M 4

et varié l'expérience sur plusieurs animaux, et aucun n'en est mort.

Morozzo a publié des expériences faites en présence du docteur *Cigna* , dont les résultats paroissent infirmer les conséquences du célèbre *Bergmann* ; mais il est à observer que le chymiste de Turin n'a fait périr les animaux que dans l'air vicié par la mort d'un autre animal, et que le gaz nitrogène domine dans cette circonstance. Voyez *Journal de physique* , tome XXV, page 112.

B. L'acide carbonique est impropre à la végétation. *Priestley* ayant tenu les racines de plusieurs plantes dans l'eau imprégnée d'acide carbonique, a observé qu'elles y ont péri toutes ; et si l'on voit végéter des plantes dans l'eau ou dans l'air où ce gaz est contenu , c'est qu'il y est en petite quantité.

Sennebier a même observé que des plantes qu'on fait croître dans l'eau légèrement acidulée par ce gaz , transpirent beaucoup plus de gaz oxigène , parce que, dans ce cas, cet acide se décompose, et le principe charbonneux se combine et se fixe dans le végétal, tandis que l'oxigène est poussé au dehors.

J'ai vu que les *fungus* qui se forment dans les souterrains se résolvoient presque en entier en acide carbonique ; mais si on expose peu à peu ces végétaux à l'action de la lumière, la proportion de l'acide diminue, celle du principe charbonneux augmente, et le végétal se colore. J'ai suivi ces expériences avec le plus grand soin dans une mine de charbon.

C. L'acide carbonique se dissout dans l'eau avec facilité. L'eau imprégnée de cet acide a des vertus précieuses pour la médecine, et l'on a inventé successivement plusieurs appareils pour faciliter ce mélange : l'appareil de *Nooth*, perfectionné par *Parker* et *Magellan*, est un des plus ingénieux. On peut consulter l'*Encyclopédie méthodique*, *article* ACIDE MÉPHITIQUE.

Les eaux minérales naturelles acidules ne diffèrent de celles-ci que par d'autres principes qu'elles peuvent tenir en dissolution. On peut les imiter parfaitement lorsque l'analyse en est bien connue ; et il est absurde de croire que l'art ne puisse pas imiter la nature dans la composition des eaux minérales. Il faut convenir que ses procédés nous sont absolument inconnus dans toutes les opérations qui tiennent essentiellement à la vie, et nous ne pouvons pas nous flatter de l'imiter dans ces circonstances ; mais, lorsqu'il est question d'une opération purement mécanique, ou de la dissolution de quelques principes connus dans l'eau, nous pouvons et nous devons faire mieux qu'elle , puisqu'il nous est permis de varier les doses , et de proportionner la force d'une eau aux besoins et au but que l'on se propose.

D. Le gaz acide carbonique est plus pesant que l'air commun : le rapport que nous a indiqué *Kirwan* entre ces deux airs , par rapport à leur pesanteur , est celui de 45,69 à 68,74 ; le rapport qu'ont fourni les expériences de *Lavoisier* , est celui de 48,81 à 69,50.

Cette pesanteur le précipite dans les endroits les plus bas : c'est elle encore qui fait qu'on peut le transvaser , et déplacer , par ce moyen , l'air atmosphérique. Ce phénomène vraiment curieux avoit été observé par *Sauvages* , comme on peut le voir dans sa Dissertation sur l'air , couronnée à Marseille en 1750.

Il paroît prouvé par des expériences suffisantes que l'acide carbonique est une combinaison de carbone ou charbon pur et d'oxigène. 1°. Si on distille les oxides de mercure , ils se réduisent sans addition , et ne fournissent que du gaz oxigène ; si on mêle à l'oxide un peu de charbon , on ne retire que de l'acide carbonique , et le charbon diminue de poids ; 2°. si on prend un charbon bien fait , et qu'on le plonge tout allumé dans un flacon rempli de gaz oxigène , et qu'on bouche le vase dans le moment , le charbon brûle avec vivacité , et finit par s'éteindre : il se produit , dans cette expérience , de l'acide carbonique dont on peut s'emparer par les procédés connus ; ce qui reste est un peu de gaz oxigène qu'on peut convertir en acide carbonique en le traitant de la même manière.

Dans ces expériences je ne vois que charbon et gaz oxigène, et la conséquence qu'on en tire est simple et naturelle.

On peut décomposer l'acide carbonique par le phosphore : en mettant un quart de phosphore et trois quarts de carbonate de soude dans un tube qu'on chauffe au point de liquéfier le phosphore , il se forme du phosphate de soude et le carbone reste à nud.

La proportion du charbon est à celle de l'oxigène , comme 12,0288 est à 56,687.

Si dans quelque cas on obtient de l'acide carbonique en brûlant du gaz hydrogène , c'est que ce gaz tient du carbone en dissolution. On peut même dissoudre le carbone dans le gaz hydrogène , en l'exposant au foyer du miroir ardent dans l'appareil au mercure sous une cloche remplie de ce gaz.

Le gaz hydrogène qu'on extrait du mélange d'acide sulfurique et de fer , tient plus ou moins de charbon en dissolution , parce que le fer en contient plus ou moins , d'après les belles expériences de *Berthollet*, *Monges* et *Vandermonde*.

Les alkalis, tels qu'ils se présentent naturellement, contiennent de l'acide carbonique ; c'est cet acide qui en modifie et diminue l'énergie, et c'est à lui que les alkalis doivent la propriété de faire effervescence. On peut donc considérer les alkalis comme des carbonates avec excès d'alkali ; et il est facile de saturer cet alkali surabondant, et de former de véritables sels neutres crystallisables.

ARTICLE PREMIER.

Carbonate de potasse.

LE carbonate de potasse a été désigné sous le nom de *tartre craïeux*. On connoît depuis long-temps la manière de faire crystalliser l'*huile de tartre*. *Bonhius* et *Montet* ont indiqué successivement des procédés ; mais le plus simple consiste à exposer une dissolution d'alkali dans l'atmosphère du gaz acide qui se dégage de la vendange ; l'alkali se sature, et forme des crystaux prismatiques tétraèdres terminés par des pyramides très-courtes et à quatre pans : j'ai plusieurs fois obtenu ces crystaux en prismes quadrangulaires coupés de biais à leurs extrémités.

Ce sel neutre n'a plus le goût urineux de l'alkali, il a la saveur piquante des sels neutres, et on peut l'employer avec le plus grand succès dans la médecine. Je l'ai vu prendre à la dose d'un gros sans aucun inconvénient.

Ce sel a l'avantage sur le sel de tartre d'être moins caustique et d'une vertu toujours égale.

Ce sel, d'après l'analyse de *Bergmann*, contient par quintal 20 acide, 48 alkali, 32 eau.

Il n'attire point l'humidité de l'air : j'en ai conservé pendant plusieurs années dans une capsule sans apparence d'altération.

La silice décompose à chaud le carbonate de potasse, ce qui occasionne un bouillonnement considérable ; le résidu est le verre, où l'alkali est à l'état caustique. La chaux décompose le carbonate en s'unissant à l'acide ; les acides produisent le même effet en se combinant avec la base alkaline.

ARTICLE II.

Carbonate de soude.

LES dénominations *alkali minéral aéré*, *soude craïeuse*, &c. ont été données successivement à cette espèce de carbonate.

L'alkali minéral, dans son état naturel, contient plus d'acide carbonique que le végétal ; et il suffit de le dissoudre et de le rapprocher convenablement pour l'obtenir en crystaux.

Ces crystaux sont, pour l'ordinaire, des octaèdres rhomboïdaux, et quelquefois des lames rhomboïdales appliquées obliquement les unes sur les autres, de sorte qu'elles paroissent se recouvrir à la manière des tuiles.

Ce carbonate effleurit à l'air.

Cent parties contiennent 16 acide, 20 alkali, 64 eau.

L'affinité de sa base avec la silice est plus forte que celle du carbonate de potasse, aussi la vitrification est-elle plus prompte et plus facile.

La chaux et les acides le décomposent avec les mêmes phénomènes que nous avons observés à l'article du carbonate de potasse.

A R T I C L E I I I.

Carbonate d'ammoniaque.

CE sel a été généralement connu sous le nom d'*alkali volatil concret*; on l'a aussi désigné par celui d'*alkali volatil craïeux*, &c.

On peut le retirer par la distillation de plusieurs substances animales; le tabac en fournit aussi beaucoup; mais presque tout celui qui est employé dans les arts et la médecine, est formé par la combinaison directe de l'acide carbonique

et de l'ammoniaque : on peut opérer cette combinaison, 1°. en faisant passer l'acide carbonique
à travers l'ammoniaque ; 2₀. en exposant l'ammoniaque dans l'atmosphère du gaz acide carbonique ; 3°. en décomposant le muriate d'ammoniaque par les sels neutres qui contiennent
cet acide, tels que le carbonate de chaux : à
cet effet on prend de la craie blanche qu'on
dessèche bien exactement, on la mêle avec parties égales de muriate d'ammoniaque bien pilé,
on met le mélange dans une cornue et on procède à la distillation ; l'ammoniaque et l'acide
carbonique dégagés de leurs bases et réduits en
vapeurs se combinent et se déposent sur les parois
du récipient, où ils forment une couche plus ou
moins épaisse.

La crystallisation de ce carbonate m'a paru celle
d'un prisme à quatre pans, terminé par un sommet
dihèdre.

Le carbonate a moins d'odeur que l'ammoniaque ; il est très-soluble dans l'eau ; l'eau froide en
dissout son poids à la température de 60 degrés
de *Farheneit.*

Cent grains de ce sel contiennent 45 acide,
43 alkali, 12 eau, selon *Bergmann.*

La plupart des acides le décomposent et déplacent l'acide carbonique.

CHAPITRE II.

De l'Acide sulfurique.

LE soufre, comme tous les autres corps combustibles, ne brûle qu'en raison du gaz oxigène qui se combine avec lui.

Les phénomènes les plus communs qui accompagnent cette combinaison, sont une flamme bleue, une vapeur blanchâtre et suffoquante, et une odeur forte, piquante et désagréable.

Les résultats de cette combinaison varient suivant la proportion dans laquelle ces deux principes entrent dans cette même combinaison.

On peut obtenir à volonté du soufre sublimé, du soufre mou, de l'acide sulfureux, ou de l'acide sulfurique, selon qu'on combine plus ou moins d'oxigène avec le soufre par le moyen de la combustion.

Lorsque le courant d'air qui entretient la combustion est rapide, le soufre est entraîné et déposé sans altération apparente dans l'intérieur des chambres de plomb où se fabrique l'huile de vitriol. Si on modère le courant d'air, la combinaison est un peu plus exacte, le soufre est en partie dénaturé, et il se dépose en une pellicule à la surface de l'eau ; cette pellicule est souple

comme

comme une peau, peut être maniée et retournée de la même manière. Si le courant est encore moins rapide, et que l'air ait le temps nécessaire pour former une combinaison plus exacte avec le soufre, il en résulte de l'acide sulfureux ; lequel acide conserve sa forme gazeuse, à la température de l'atmosphère, et peut devenir liquide comme l'eau par l'application d'un froid très-fort, d'après la belle expérience de *Monges*. Si la combustion est encore plus étouffée, et qu'on laisse *digérer* l'air sur le soufre plus long-temps et plus exactement, il en résulte de l'acide sulfurique ; on peut faciliter cette dernière combinaison par le mélange du salpêtre, parce que celui-ci fournit abondamment de l'oxigène.

Des expériences nombreuses, que j'ai faites dans ma fabrique pour parvenir à économiser le salpêtre employé dans la fabrication des huiles de vitriol, m'ont présenté plusieurs fois les résultats que je viens d'indiquer.

Tous les procédés qu'on peut mettre en usage, pour extraire l'acide sulfurique se réduisent, 1°. à l'extraire des substances qui le contiennent ; 2°. à le former de toutes pièces par la combinaison du soufre et de l'oxigène.

Dans le premier cas, on distille les sulfates de fer, de cuivre ou de zinc, même ceux d'alumine et de chaux, d'après *Neumann* et *Mar-*

graaf ; mais ces procédés très-dispendieux , ne
sont même pas d'une exécution bien facile, et
on les a abandonnés pour en adopter de plus
simples.

Dans le second cas , on peut présenter l'oxigène au soufre sous deux formes, ou à l'état de
gaz , ou à l'état concret.

1°. La combustion du soufre par le gaz oxigène
s'exécute dans de grandes chambres tapissées de
plomb ; on facilite la combustion en mêlant avec le
soufre environ un huitième de nitrate de potasse ;
les vapeurs acides qui remplissent la chambre se
précipitent sur les parois , et on en facilite la con-
densation par une couche d'eau qu'on dispose
sur le fond de cette chambre. Dans quelques
fabriques de Hollande , on opère la combustion
dans de grands ballons de verre à large orifice,
et les vapeurs se précipitent sur l'eau qu'on a
mise dans le fond.

Dans l'un et dans l'autre cas , lorsque l'eau
est assez imprégnée d'acide , on la concentre
dans des chaudières de plomb, et on rectifie
dans des cornues de verre pour la blanchir et
la mettre au degré du commerce. Cet acide convenablement concentré , marque 66 degrés à l'aréomètre de *Baumé.* Lorsqu'il n'a pas été porté à
ce degré , il est impropre à la plupart des usages
pour lesquels on le destine ; il ne peut pas être

employé, par exemple, à dissoudre l'indigo, car le peu d'acide nitrique qu'il contient s'unit au bleu de l'indigo et forme une couleur verte : je me suis convaincu de ce phénomène par des expériences rigoureuses, et j'ai vu des couleurs manquées et des étoffes perdues par rapport au défaut de concentration de l'acide.

2°. Lorsqu'on présente l'oxigène à l'état concret, il est alors combiné avec d'autres corps qu'il abandonne pour s'unir au soufre ; c'est ce qui arrive en distillant l'acide nitrique sur le soufre. 48 onces de cet acide à 36 degrés, distillées sur deux onces de soufre, m'ont fourni près de 4 onces de bon acide sulfurique : le fait étoit connu de *Matte Lafaveur* ; mais j'ai indiqué tous les phénomènes et les circonstances de cette opération en 1781.

On peut encore convertir le soufre en acide sulfurique par le moyen de l'acide muriatique oxigéné. (*Encyclopédie méth. t. 1, p. 370.*)

L'acide sulfurique qu'on a trouvé à nud dans quelques lieux d'Italie, paroît également provenir de la combustion du soufre : *Baldassari* l'a observé dans cet état dans une grotte creusée au milieu d'une masse d'incrustations déposées par les bains de *Saint-Philip* en Toscane ; il ajoute que de cette grotte s'élève continuellement une vapeur sulfureuse : il a encore trouvé de ces efflorescences sulfureuses et vitrioliques à *Saint-Albino* près de *Monte Pulciano*, et aux lacs de *Travale*, où il vit des branches d'arbres couvertes de ces concrétions de soufre et de l'huile de vitriol. *Journal de Phys. t. 7, p. 395.*

O. *Vandelli* rapporte que dans les environs de *Sienne* et de *Viterbe* on trouve quelquefois l'acide sulfurique dissous dans l'eau. *Dolomieu* a assuré l'avoir trouvé pur et cryṣtallisé dans une grotte de l'Etna, dont on avoit tiré du soufre autrefois.

D'après une première expérience de *Berthollet*, 69 parties soufre, 31 oxigène ont formé 100 parties acide sulfurique : d'après une seconde, 72 soufre, 28 oxigène forment 100 acide sec.

Les divers degrés de concentration de l'acide sulfurique lui ont fait donner différens noms sous lesquels il est connu dans le commerce : de-là les dénominations *d'esprit de vitriol*, *d'huile de vitriol*, *d'huile de vitriol glaciale*, pour exprimer ses degrés de concentration.

L'acide sulfurique est susceptible de passer à l'état concret par l'impression d'un froid actif. Cette congélation est un phénomène connu depuis long-temps : *Kunckel* et *Bohn* en ont parlé, et *Boerhaave* dit expressément : *oleum vitrioli summâ arte purissimum summo frigore hiberno in glebas soli-*

descit perspicuas , sed statim ac acuties frigoris retun-
ditur , liquescit et diffluit. Nous devons à *Dayen* de
belles expériences sur la congélation de cet acide ;
Morveau les répéta avec un égal succès en 1782,
et se convainquit que cette congélation pouvoit
s'opérer à un degré de froid bien moindre que celui
qu'on avoit annoncé.

J'ai obtenu déjà plusieurs fois de superbes crystaux d'acide sulfurique , en prismes hexaèdres
applatis , terminés par une pyramide hexaèdre ;
et mes expériences m'ont permis de conclure ,
1°. que l'acide très-concentré crystallise plus difficilement que celui qui marque entre 63 et 65 ;
2°. que le degré de froid convenable est de 1 à
3 sous 0. On peut voir le détail ds mes expériences dans le volume de l'Académie des sciences
de Paris , pour l'année 1784.

Les caractères de l'acide sulfurique sont les
suivans :

1°. Il est onctueux et gras au toucher , ce qui
lui a mérité le nom très-impropre *d'huile de vi-*
triol.

2°. Il pèse 1 once 7 gros dans un flacon contenant une once d'eau distillée.

3°. Il s'échauffe avec l'eau au point de lui
communiquer un degré de chaleur supérieur à
celui de l'eau bouillante : si on bouche l'extrémité d'un tube de verre , qu'on y mette de l'eau ,

et qu'on le plonge par le bout fermé dans un verre moitié plein de ce même liquide , on pourra porter à l'ébullition l'eau contenue dans le tube, en versant de l'acide sulfurique sur celle qui est dans le verre.

4°. Il se saisit avec avidité de toutes les substances inflammables qui le noircissent et le décomposent.

Sthal avoit cru que l'acide sulfurique étoit l'acide universel ; il fondoit sur-tout cette opinion sur ce que des linges imbibés d'alkali et exposés à l'air attiroient un acide qui se combinoit avec lui et formoit un sel neutre qu'il a cru de la nature du sulfate de potasse. Des expériences plus rigoureuses ont démontré que cet acide aérien étoit le carbonique ; et nos connoissances actuelles nous permettent moins que jamais de croire à un acide universel.

ARTICLE PREMIER.

Sulfate de potasse.

LE sulfate de potasse est décrit indifféremment sous les noms d'*arcanum duplicatum*, *sel de duobus*, *tartre vitriolé*, *vitriol de potasse*, &c.

Ce sel crystallise en prismes hexaèdres terminés par des pyramides hexaèdres à pans triangulaires.

Il a une saveur vive et piquante', et se fond difficilement dans la bouche.

Il décrépite sur les charbons, rougit avant de se fondre, et se volatilise sans se décomposer.

Il se dissout dans 16 parties d'eau froide, à la température de 60 degrés de *Farheneit;* et l'eau bouillante en dissout le cinquième de son poids.

100 grains contiennent 30,21 acide, 64,61 alkali, et 5,18 eau.

Presque tout le sulfate de potasse usité dans la médecine, est formé par la combinaison directe de l'acide sulfurique et de la potasse ; mais celui qui circule dans le commerce provient de la distillation des eaux fortes dégagées par l'acide sulfurique ; celui-ci est en beaux crystaux. L'analyse du tabac m'a également fourni de ce sulfate.

Baumé prouva à l'académie, en 1760, que l'acide nitrique, aidé de la chaleur, pouvoit décomposer le sulfate de potasse. *Cornette* fit voir ensuite que l'acide muriatique avoit la même vertu ; et j'ai démontré, en 1786, que l'acide pouvoit en être déplacé par l'acide nitrique sans le secours de la chaleur, mais que si on rapprochoit la dissolution, l'acide sulfurique reprenoit sa place.

N 4

A R T I C L E I I.

Sulfate de soude.

CETTE combinaison de l'acide sulfurique et de la soude, est encore connue sous les noms de *sel de Glauber*, *sel admirable*, *vitriol de soude*, &c.

Ce sel crystallise en octaèdres rectangulaires, prismatiques ou cunéiformes, dont les deux pyramides sont tronquées près de leurs bases.

Il a une saveur très-amère, et se dissout aisément dans la bouche.

Il se boursouffle sur les charbons, et y bouillonne en laissant dissiper son eau de crystallisation; il ne reste qu'une poudre blanche qui entre difficilement en fusion, et se volatilise à un feu violent sans se décomposer.

Il effleurit à l'air, y perd sa transparence, et se réduit en une poudre fine.

Trois parties d'eau, à 60 degrés du thermomètre de *Farheneit*, en dissolvent une, et l'eau bouillante dissout son poids égal.

100 grains de ce sel contiennent 14 acide, 22 alkali, 64 eau.

On le forme par la combinaison directe des deux principes qui le constituent; mais le *tamarix gallica* des bords de la mer en contient une si grande quantité, qu'on peut l'en extraire avec économie; il suffit de brûler cette plante, et d'en lessiver les cendres : celui qu'on vend dans le midi de la France est en superbes crystaux et est préparé de cette manière; il est très-pur, et le prix ne s'élève qu'à 30 à 35 livres le quintal; on forme encore ce sulfate lorsque dans les laboratoires nous décomposons le muriate de soude par l'acide sulfurique.

La potasse dissoute à froid dans une dissolution de sulfate de soude, précipite la soude, et prend sa place. Voyez *mes Mémoires de Chymie.*

ARTICLE III.

Sulfate d'ammoniaque.

LE sulfate d'ammoniaque, *sel ammoniacal secret de Glauber*, est très-amer.

Il crystallise en prismes à 6 pans applatis et alongés, terminés par des pyramides à six pans.

On n'obtient des crystaux bien prononcés que par l'évaporation insensible.

Il attire un peu l'humidité de l'air.

Il se liquéfie à une chaleur douce, et se volatilise à un feu modéré.

Deux parties d'eau froide en dissolvent une,

et l'eau bouillante en dissout son poids , (voyez *Fourcroy*.) Les alkalis fixes , la barite et la chaux en dégagent l'ammoniaque.

Les acides nitrique et muriatique en dégagent l'acide sulfurique.

Les différentes substances dont nous venons de parler , sont d'un usage assez étendu dans les arts et la médecine.

L'acide sulfureux est employé à blanchir la soie , et à lui donner du lustre. *Sthal* l'avoit même combiné avec l'alkali , et avoit formé ce sel si connu sous le nom de *sel sulfureux de Sthal*. Cette combinaison passe bien vîte à l'état de sulfate , si on la laisse exposée à l'air ; elle absorbe facilement l'oxigène qui lui manque.

Le principal usage de l'acide sulfurique est dans les teintures , où il sert à dissoudre l'indigo , et à le porter , dans un état de division extrême , sur l'étoffe qu'on veut teindre. On l'emploie encore dans les fabriques d'indiennes , pour enlever l'apprêt qu'on donne à ces étoffes par le moyen de la chaux. Le chymiste en fait un grand usage dans les analyses , et pour séparer d'autres acides de leurs combinaisons , tels que le carbonique , le nitrique , le muriatique , &c.

Le sulfate de potasse est connu , dans la médecine , comme fondant , et on s'en sert dans les cas de dépôt laiteux : on le donne à la dose de quelques grains ; il est même purgatif à plus haute dose.

Le sulfate de soude est un purgatif efficace à la dose de 4 à 8 gros ; on le dissout dans une pinte d'eau.

CHAPITRE III.

De l'Acide nitrique.

L'ACIDE nitrique, qu'on appelle *eau forte* dans le commerce, est plus léger que le sulfurique : il a ordinairement une couleur jaunâtre, une odeur forte et désagréable, et répand une vapeur rouge : il imprime une couleur jaune à la peau, à la soie, et à presque toutes les substances animales avec lesquelles on le met en contact ; il dissout et corrode avec avidité le fer, le cuivre, le zinc, &c. et laisse échapper un nuage de vapeurs rouges pendant tout le temps que dure son action ; il détruit entièrement la couleur des violettes qu'il rougit, s'unit à l'eau avec facilité, et le mélange prend d'abord une couleur verte qui disparoît quand on l'affoiblit davantage.

Cet acide n'a été trouvé nulle part à nud ; il est toujours dans un état de combinaison, et c'est de ces mêmes combinaisons que nous avons l'art de l'extraire pour l'appliquer à nos usages. Le nitrate de potasse est la combinaison la plus commune ; c'est aussi celle dont nous nous servons ordinairement pour en retirer l'acide nitrique.

Le procédé usité dans le commerce pour faire l'*eau-forte*, consiste à mêler une partie de salpêtre avec deux à trois parties de terre bolaire rouge ; on met le mélange dans des cornues luttées qu'on dispose sur une galère ; on adapte un récipient à chaque cornue, et on procède à la distillation : la première vapeur qui passe n'est que de l'eau, on la laisse se dissiper en ne luttant pas encore la jointure du récipient à la cornue ; et, lorsque les vapeurs rouges commencent à paroître, on vuide le *phlegme* condensé dans le récipient, et pour lors on lutte pour s'opposer à la sortie des vapeurs acides. Les vapeurs qui se condensent forment d'abord une liqueur verdâtre ; cette couleur disparoît insensiblement, et elle est remplacée par une teinte plus ou moins jaune. Quelques chymistes, *Baumé* sur-tout, ont pensé que la terre agissoit sur le salpêtre par l'acide sulfurique qu'elle contient ; mais outre que ce principe n'existe point dans toutes, comme *Macquer*, *Morveau* et *Scheele* l'ont prouvé, nous savons que les cailloux pulvérisés produisent également la décomposition du salpêtre. Je crois que l'on doit rapporter l'effet des terres sur ce sel à l'affinité très-marquée qu'a l'alkali avec la silice qui en fait la base, et sur-tout au peu d'adhésion qu'ont entre eux les principes constituans du nitrate de potasse.

Dans nos laboratoires nous décomposons le salpêtre par le moyen de l'acide sulfurique : on prend du nitrate de potasse bien pur, on l'introduit dans une cornue tubulée qu'on place dans un bain de sable et et à laquelle on adapte un récipient, on lutte avec soin toutes les jointures ; on verse par la tubulure moitié poids d'acide sulfurique, et on procède à la distillation : on a l'attention de placer un tube à la tubulure du récipient et de le faire plonger dans l'eau pour coërcer les vapeurs et ôter toute crainte d'explosion.

Au lieu d'employer l'acide sulfurique, on peut lui substituer le sulfate de fer et le mêler au salpêtre à parties égales : dans ce cas le résidu de la distillation bien lavé forme la *terre douce de vitriol*, employée pour polir les glaces.

Sthal et *Kunckel* ont fait mention d'une eau forte très-pénétrante, de couleur bleue, obtenue par la distillation du nitre avec l'arsenic.

Quelque précaution qu'on apporte dans la purification du salpêtre, quelque attention qu'on donne à la distillation, l'acide nitrique est toujours imprégné de quelque acide étranger, sulfurique ou muriatique, dont il faut le débar-

rasser : on le dépouille du premier, en le redistil-
lant sur du salpêtre très-pur, qui retient le peu
d'acide sulfurique qui peut exister dans le mélange :
on le prive du second, en y versant quelques
gouttes d'une dissolution de nitrate d'argent ;
alors l'acide muriatique se combine avec l'argent,
et se précipite avec lui sous la forme d'un sel
insoluble ; on laisse reposer la liqueur, on la décante de dessus le dépôt ; et cet acide, ainsi purifié, est connu sous les noms d'*eau forte du dé-
part*, d'*acide nitreux précipité*, d'*acide nitrique
pur*, &c.

Sthal avoit regardé l'acide nitrique comme
une modification du sulfurique, déterminée par
sa combinaison avec un principe inflammable ;
cette opinion a été étayée de quelques faits nouveaux, dans une Dissertation de *Pietsh*, couronnée par l'académie de Berlin en 1749.

Les expériences du célèbre *Halés* l'avoient
conduit plus près du but, puisqu'il a manié successivement les deux principes constituans de
l'acide nitrique : ce célèbre physicien avoit retiré
90 pouces cubes d'un demi-pouce cube de nitre,
et il s'est borné à conclure que cet air étoit la
principale cause des explosions du nitre. Le même
physicien rapporte que la pyrite de *Watson*, trai-
tée avec autant d'esprit de nitre que d'eau, produisoit un air qui avoit la propriété d'absorber

l'air frais qu'on faisoit entrer dans les vaisseaux. Ce grand homme a donc extrait successivement les principes de l'acide nitrique, et ces belles expériences ont mis *Priestley* sur la voie de ses découvertes.

Ce n'a été néanmoins qu'en 1776 que l'analyse de l'acide nitrique a été bien connue. *Lavoisier*, en distillant cet acide sur le mercure et recevant les divers produits dans l'appareil pneumato-chymique, a prouvé que l'acide nitrique, dont le poids est à celui de l'eau distillée comme 131607 à 100000, contient :

Gaz nitreux. . 1 once 7 gros 51 grains $\frac{1}{2}$
Gaz oxigène. . 1 . . . 7 . . . 7 . . . $\frac{1}{2}$
Eau. . . . . . . 13 . . . .

En combinant ensemble ces trois principes, on régénère l'acide décomposé.

L'action de l'acide nitrique sur la plupart des matières inflammables, n'est qu'une décomposition continuelle de cet acide.

Si on verse l'acide nitrique sur du fer, du cuivre ou du zinc, ces métaux sont attaqués dans le moment, avec une vive effervescence et un dégagement considérable de vapeurs qui deviennent rutilantes par leur combinaison avec le gaz oxigène de l'air atmosphérique, mais qu'on peut retenir et recueillir à l'état de gaz dans l'appareil hydro-pneumatique : dans tous ces cas, les métaux sont fortement oxidés.

L'acide nitrique qu'on mêle avec des huiles les épaissit, les noircit, les charbonne ou les enflamme, selon qu'on présente l'acide plus ou moins concentré et en plus ou moins grande quantité.

Si on met de l'acide nitrique très-concentré dans une fiole à médecine, et qu'on y verse du charbon en poudre impalpable et très-sec, il s'enflamme dans le moment, et il se dégage de l'acide carbonique et du gaz nitrogène.

Les divers acides qu'on a obtenus par la digestion de l'acide nitrique sur quelques substances, tels que l'acide oxalique, l'arsenique, &c. ne doivent leur existence qu'à la décomposition de l'acide nitrique, dont l'oxigène se fixe avec les corps sur lesquels on le distille. La facilité qu'a cet acide de se décomposer en fait un des plus actifs, parce que l'action des acides sur la plupart des corps n'a lieu que par leur propre décomposition.

Les caractères du gaz nitreux qu'on extrait par la décomposition de l'acide, sont, 1°. d'être invisible ; 2°. d'avoir une pesanteur un peu moindre que celle de l'air ; 3°. d'être impropre à la respiration, quoique *Fontana* prétende l'avoir respiré

respiré sans danger ; 4°. de ne pas servir à la combustion ; 5°. de n'être point acide, d'après les expériences de *Chaulnes* ; 6°. de se combiner avec l'oxigène et de reproduire l'acide nitrique.

Mais quelle est la nature de ce gaz nitreux ? On a prétendu d'abord que c'étoit l'acide nitrique saturé de phlogistique : ce système a dû tomber dès qu'il a été prouvé que l'acide nitrique déposoit son oxigène sur le corps sur lequel il agit, et que le gaz nitreux pesoit moins que l'acide employé. Une belle expérience de *Cawendish* a jetté le plus grand jour sur cette matière. Ce chymiste, ayant introduit dans un tube de verre sept parties de gaz oxigène obtenu sans acide nitrique, et trois parties de gaz nitrogène, ou, en évaluant ces quantités en poids, dix parties nitrogène, vingt-six oxigène, en faisant passer l'étincelle électrique à travers ce mélange, s'apperçut qu'il diminuoit beaucoup de volume, et parvint à le changer en acide nitrique. On peut présumer de cette expérience, que cet acide est une combinaison de sept parties d'oxigène et de trois de nitrogène : ces proportions constituent l'acide nitrique ordinaire ; mais lorsqu'on s'empare d'une portion de l'oxigène, il passe alors à l'état de gaz nitreux, de façon que le gaz nitreux est la combinaison du gaz nitrogène et d'un peu d'oxigène.

Tome I.   O

On peut décomposer le gaz nitreux, en l'exposant sur le sulfure de potasse dissous dans l'eau ; le gaz oxigène s'unit au soufre et forme de l'acide sulfurique, tandis que le gaz nitrogène reste pur.

On peut décomposer encore le gaz nitreux par le moyen du pyrophore qui brûle dans cet air, et absorbe le gaz oxigène.

L'étincelle électrique a aussi la propriété de décomposer le gaz nitreux. *Van-Marum* a observé que trois pouces de gaz nitreux se réduisoient à un pouce trois quarts, et qu'alors il n'avoit plus aucune propriété du gaz nitreux ; enfin, d'après les expériences de *Lavoisier*, 100 grains gaz nitreux contiennent 32 nitrogène, 68 oxigène.

D'après le même chymiste, 100 grains acide nitrique contiennent $79\frac{1}{2}$ oxigène et $20\frac{1}{2}$ nitrogène ; et c'est-là la raison pour laquelle il faut employer le gaz nitreux dans une moindre proportion que le gaz nitrogène, pour le combiner avec le gaz oxigène et former l'acide nitrique.

Ces idées sur la composition de l'acide nitrique, paroissent confirmées par les preuves multipliées que nous avons aujourd'hui de la nécessité de faire concourir les substances qui fournissent beaucoup de gaz nitrogène avec le gaz oxigène pour obtenir l'acide nitrique.

Les divers états de l'acide nitrique peuvent s'expliquer clairement d'après cette théorie ; 1°. *l'acide nitreux fumant* est celui dans lequel l'oxigène n'est point dans la proportion requise ; et nous pouvons rendre *vaporeux* et *rutilant* l'acide nitrique le plus blanc, le plus saturé, en nous emparant d'une partie de son oxigène par le moyen des métaux, des huiles, des corps inflammables, &c. ou bien en le dégageant par la simple exposition de cet acide à la lumière du soleil, d'après les belles expériences de *Berthollet*.

La propriété qu'a le gaz nitreux d'absorber l'oxigène pour former avec lui l'acide nitrique, l'a fait employer pour déterminer la proportion du gaz oxigène dans la composition qui forme l'atmosphère : *Fontana* a construit, sur ces principes, un *eudiomètre* ingénieux, dont on peut consulter la description et la manière de s'en servir, dans le premier volume des expériences sur les végétaux par *Ingenhousz*.

Berthollet a observé avec raison que cet eudiomètre étoit infidèle. 1°. Il est difficile d'obtenir du gaz nitreux formé constamment par les mêmes proportions des gaz nitrogène et oxigène, attendu qu'elles varient ; non-seulement selon la nature des substances sur lesquelles on décompose l'acide nitrique, mais même selon que la dissolution de telle ou telle substance par l'acide se fait avec plus ou moins de rapidité. Si l'acide se décompose sur une huile volatile, on peut n'obtenir que du gaz nitrogène : si l'acide agit sur du fer et qu'il soit très-concentré, il peut n'en résulter que du gaz nitrogène, comme je l'ai observé, &c. 2°. L'acide nitrique qui se forme par l'union du gaz nitreux et de l'oxigène, dissout plus ou moins de gaz nitreux, selon la température, la qualité de l'air qu'on éprouve, la grandeur de l'eudiomètre, &c. de sorte que la diminution varie en raison de la quantité plus ou moins grande de gaz nitreux qui est absorbé par l'acide nitrique qui se forme ; conséquemment la diminution doit être encore plus forte en hiver qu'en été, &c.

D'après les expériences de *Lavoisier*, quatre parties de gaz oxigène suffisent pour saturer sept parties et un tiers du gaz nitreux, tandis qu'il faut à-peu-près seize parties d'air atmosphérique : d'où ce célèbre chymiste a conclu que l'air de l'atmosphère ne contenoit en général qu'un quart de gaz oxigène et respirable.

Ces expériences font connoître, jusqu'à un certain point, la proportion dans laquelle l'air vital se trouve dans l'air que nous respirons ; mais elles ne donnent aucune connoissance sur les gaz délétères qui, mêlés à l'air atmosphérique, l'altèrent et le rendent mal-sain : cette observation restreint prodigieusement l'usage de cet instrument.

La combinaison des gaz oxigène et nitreux laisse toujours un résidu aëriforme, que *Lavoisier* a estimé environ un trente-quatrième du volume total ; il provient du mélange des substances gazeuses étrangères, qui altèrent plus ou moins la pureté des gaz employés.

ARTICLE PREMIER.

Nitrate de potasse.

LE nitrate de potasse est connu généralement sous le nom de *salpêtre, nitre,* &c.

Ses usages dans les arts et son emploi dans la composition qui forme la *poudre*, rendent son étude intéressante et nécessaire. Nous allons le considérer sous quatre points de vue différens. 1°. Nous examinerons d'abord de quelle manière la nature le produit, et nous en déduirons les moyens de le former nous-mêmes ; 2°. nous apprendrons l'art de l'extraire des terres qui le contiennent ; 3°. nous nous occuperons des moyens de le purifier ou de le raffiner ; 4°. nous ferons connoître le plus beau de ses usages, celui d'être un des principes constituans de la poudre.

O 3

SECTION PREMIÈRE.

Vues générales sur la formation du Salpêtre et sur l'établissement des nitrières artificielles.

La nature forme habituellement du salpêtre, mais il ne s'en produit pas par-tout; et les lieux qui en contiennent ne le fournissent ni dans les mêmes proportions, ni de la même nature.

Il est donc des conditions nécessaires pour la formation du salpêtre; la nature est ici asservie à l'influence de mille causes qu'il faut étudier.

Le salpêtre ne se forme en général que dans les habitations, ou dans les endroits imprégnés des produits de la décomposition végétale ou animale.

Il n'est produit que dans les lieux où l'air est tranquille, stagnant et humide.

Il n'existe en grande quantité ni dans les lieux frappés par le soleil, ni dans les souterrains où règne une obscurité absolue.

Les caves peu profondes et foiblement éclairées, sont les plus salpêtrées.

Les rues étroites dont les maisons sont très-élevées, et où le soleil ne pénètre jamais, offrent beaucoup de ce sel.

On ne le trouve que dans les terres ou pierres calcaires et marneuses.

Les terres calcaires les plus poreuses paroissent les plus propres à le fixer; et parmi celles-ci, celles qui sont légèrement ochreuses sont encore les plus favorables à la nitrification.

Des terres compactes mêlées avec du sable ou autres corps qui les rendent poreuses, acquièrent une plus grande facilité à se salpêtrer.

Les craies mêlées d'un peu d'alumine sont plus propres à la nitrification que lorsqu'elles sont pures. (*Observation* de La Rochefoucault.)

Les craies qui effleurissent à l'air se salpêtrent plus aisément que celles qui n'y subissent aucune décomposition.

Une température trop chaude et une trop froide, nuisent également à la formation du salpêtre.

Le salpêtre se forme de préférence dans les lieux exposés au nord.

Il se développe en plus grande quantité dans les portions de mur qui sont près de la terre.

On le trouve sur-tout dans les terres et mortiers exposés aux émanations des substances végétales ou animales en putréfaction.

Presque tout le salpêtre formé dans les plâtras, les craies, les marnes, le tuffeau, le mortier, est à base de chaux.

Presque tout le salpêtre formé dans les bergeries, remises, écuries, est à base de potasse.

La génération du salpêtre se fait plus promptement dans les pays chauds que dans les pays froids, dans les terres légères que dans les terres compactes, dans les terres sèches que dans les terres humides.

Telles sont les leçons de l'observation. Il nous reste à les rapprocher des principes de la science, pour en démontrer l'accord et en déduire un plan d'opérations propre à nous diriger dans la fabrication artificielle du salpêtre.

Le nitrate de potasse (salpêtre) résulte de la combinaison de l'acide nitrique avec la potasse.

L'acide nitrique est composé lui-même d'azote et d'oxigène.

Tout l'art de la création du salpêtre se réduit donc à développer et à combiner ces trois principes constituans; mais comme l'acide est le plus rare et le plus difficile à produire, c'est sur-tout de sa formation qu'on doit s'occuper.

L'azote et l'oxigène sont deux principes très-répandus dans la nature ; mais nous les trouvons presque constamment à l'état gazeux, et sous cette forme nous ne connoissons que l'étincelle électrique qui ait pu jusqu'ici en opérer une combinaison subite. Cette belle expérience de *Cawendish* nous a démontré que l'acide nitrique étoit composé de sept parties d'oxigène et de trois d'azote.

Ces deux substances mêlées dans ces mêmes proportions ne se combinent point ; et, si on les met seules en digestion sur de la craie, ou de l'alkali, il n'en résulte pas un atôme de salpêtre. (*Observation de* Thouvenel).

Ce n'est donc pas à l'état gazeux qu'il faut porter ces principes pour en opérer la combinaison.

Il paroît néanmoins que de ces deux principes réduits à l'état gazeux, l'azote est le seul qui se refuse à se combiner ; car le gaz oxigène contracte aisément une union intime avec nombre de corps qu'il suffit de lui présenter.

Pour opérer la combinaison intime de l'azote et de l'oxigène, il faut donc présenter au gaz oxigène l'azote sortant de ses combinaisons, dégagé de ses premières entraves, et prêt à passer à l'état de gaz par sa dissolution dans le calorique.

La décomposition des substances végétales et animales nous présente tous ces avantages. L'azote est un de leurs principes constituans, et leur désorganisation opérée par la putréfaction met à nud ce principe, et le livre au gaz oxigène qui s'en empare et forme avec lui de l'acide.

Mais, pour que cette combinaison s'effectue, il est nécessaire qué la même portion de gaz oxigène séjourne sur la masse en putréfaction ; il faut qu'il y ait une sorte de digestion, et, pour cet effet, il faut un repos presque absolu, un degré d'humidité convenable dans l'air, et une chaleur modérée. Une chaleur trop forte réduit trop promptement l'azote à l'état de gaz : une température trop froide arrête les progrès de la décomposition, et conséquemment le développement de l'azote : une atmosphère sèche ne sauroit servir d'excipient et de véhicule à l'acide qui se forme pour le transporter et le fixer sur les bases terreuses ou alkalines.

Lorsque les divers principes du végétal ont été désunis par une décomposition lente, opérée dans un endroit humide et presque à l'abri de la lumière et de l'air, (par exemple sous le plancher des habitations ou des greniers à foin) il suffit d'exposer le terreau noirrâtre qui en est le résultat au contact de l'air, pour y développer très-promptement du salpêtre. Alors l'oxigène se combine rapidement avec l'azote qui se trouve parmi ces principes désunis ; et l'acide qui en provient se porte sur la potasse qui y existe encore, et forme du nitrate de potasse.

C'est pour la même raison que le terreau qui existe sous les pavés des écuries et des bergeries, qui n'est qu'un amas de principes végétaux ou animaux désunis, de même que celui qu'on retire des souterrains profonds, ou bien fermés à la lumière, tels que les caveaux, ne demandent qu'à être exposés à l'air pendant quelques jours, pour produire abondamment du salpêtre.

Il est bon d'observer que ces terreaux ne fournissent pas un atôme de nitrate, lorsqu'on les retire de l'endroit humide et obscur où ils ont été formés ; et que ce n'est que par la combinaison ou combustion de l'azote du terreau par l'oxigène de l'atmosphère que se produit ce sel.

Il en est de la décomposition de ce terreau par le concours de l'air et de la lumière, comme de celle que subit la tourbe sulfureuse de la part des mêmes agens : il ne se forme aucun sel dans l'une ni dans l'autre tourbe, tant

qu'elles restent à l'abri de l'air et de la lumière; mais, du moment qu'elles sont exposées
à l'action de ces deux agens, il s'opère une
véritable combustion : le gaz oxigène en contact avec la tourbe sulfureuse , s'unit au soufre , et il en résulte un acide qui se porte sur
les autres principes de la tourbe , et produit
des sulfates de fer , de soude , de chaux ou de
magnésie , selon la nature des élémens de la
tourbe.

Le terreau formé dans l'obscurité est une
véritable *tourbe nitreuse* , ou plutôt une
tourbe azotique, où il ne manque que de l'oxigène pour y développer des nitrates terreux
ou alkalins.

Cette idée mère de la production du salpêtre par la décomposition ou combustion en
plein air des débris ou principes végétaux et
animaux réunis et confondus dans le terreau
dont nous venons de parler , doit nous conduire dans la recherche des procédés les plus
propres à hâter la formation du salpêtre.

Les observations de tous les temps , de tous
les lieux, de tous les hommes, s'accordent à faire
regarder les terres végétales comme les plus
propres et les plus promptes à la nitrification.

Parmi les terres végétales on donne la préférence à celles qui sont noires , c'est-à-dire,

à celles qui sont encore chargées des principes du végétal, et qui n'ont été frappées ni par la lumière qui les auroit volatilisées, ni par une atmosphère agitée qui les auroit dispersées et disséminées.

Dans plusieurs départemens de la République, mais sur-tout dans ceux où l'abondance du bois permet de planchéïer toutes les habitations et les greniers à foin, les débris des végétaux pénètrent sous les planches à travers les fentes; ils y pourrissent et forment une couche de terreau très-noir, qu'on enlève avec soin pour l'exposer à l'air et à la lumière sous des hangards: au bout de quelques jours le salpêtre s'y développe, et on peut lessiver ces terres avec avantage.

Tout le monde sait que la terre noire qu'on trouve sous les pavés des écuries, remises, bergeries, habitations, exposée à un air tranquille, donne en assez peu de temps une quantité de salpêtre considérable; il en est de même du terreau qu'on tire des caveaux. L'observation nous a appris, depuis long-temps, que le terreau noirâtre qu'on trouve sous le gazon des prairies est précieux pour former la base des terres à salpêtre. Nous savons encore que dans presque tous les pays où les nitrières prospèrent, on fait fermenter et décomposer complètement dans des fosses des matières animales et végétales, et que c'est avec ce terreau et des terres poreuses et calcaires qu'on forme les couches à salpêtre.

Personne n'ignore que l'eau qui désunit et tient en suspension ou en dissolution les principes du végétal, est très-propre à l'arrosage des terres salpêtrées.

Les fameuses grottes de la Roche-Guyon où le salpêtre se forme naturellement, se trouvent recouvertes par des terres végétales fortement fumées; et les infiltrations qui pénètrent dans ces grottes doivent y charrier les débris de la décomposition végétale. (*Observation* de Descroizilles).

C'est sur le même principe qu'est établie la génération du salpêtre sous ces voûtes qu'on recouvroit de couches de matières animales et végétales, et dont les produits de la décomposition transudoient à travers le ciment et les pierres poreuses dont la voûte étoit fabriquée.

Parmi les divers degrés de putréfaction animale, il en est un où les principes ramenés, par une désorganisation presque complète, à l'état d'une sorte de terreau noirâtre, sont très-propres à la génération du salpêtre. Presque tous les observateurs se réunissent pour accorder une grande vertu nitrogène à cette terre noirâtre qui provient de la décomposition des matières stercorales.

Nous voyons même que les matières animales qui se décomposent, ne favorisent la génération du salpêtre que lorsqu'elles sont complètement désorganisées et réduites presque à l'état de poussière.

Il paroît donc que pour disposer les substances animales et végétales à l'œuvre de la nitrification, il faut opérer la désunion des principes, et en empêcher la volatilisation : il faut désorganiser le végétal, rompre l'affinité qui en unit les principes, et les présenter, dans cet état de désunion, à l'air atmosphérique.

Si on décompose ces matières au grand air et à la lumière, les principes se volatilisent à mesure : l'azote très-expansif s'échappe seul ; ou la petite quantité qui se combine avec l'oxigène est entraînée par le torrent de la circulation, et perdue pour la nitrière.

Mais toutes les plantes ne sont pas également propres à la génération du salpêtre. Les plantes vireuses, et d'une odeur forte et puante, paroissent les plus favorables.

Les ciguës, le tabac, le bouillon blanc, la jusquiame, le choux, le marube, l'ortie, occupent la première place : leur extrait long-temps conservé se recouvre de crystaux de salpêtre, et l'observation a prouvé qu'elles sont très-propres à former la base des couches nitrogènes.

Les plantes sèches ou fibreuses ne paroissent pas avoir la même aptitude à la nitrification.

Les plantes crucifères qui sont presque animalisées, et fournissent beaucoup d'azote, sont très-propres à ces usages.

Les plantes légumineuses et grasses sont encore préférables aux plantes maigres ; mais, si on employoit les végétaux gras et succu-lens sans mélange de terre calcaire, la dé-composition en seroit trop aqueuse, et le tra-vail seroit perdu pour la génération du salpêtre.

Il en est des matières animales comme des végétales ; toutes ne sont pas également pro-pres à la nitrification.

L'observation a fait donner la préférence aux produits des animaux herbivores sur ceux des animaux carnivores. Les vers, les in-sectes, les reptiles, se réduisent presque tous en salpêtre : ce fait n'avoit point échappé à *Becher*.

Le

Le sang paroît l'humeur la plus propre à la génération du salpêtre.

L'urine ne doit être employée que sur la fin de l'opération; elle favorise la formation du muriate de soude.

Les excrémens des poules et des pigeons ont toujours été regardés comme très-nitrogènes.

Les étables des bœufs se salpêtrent moins que ceux des moutons.

Les parties molles des animaux doivent être préférées aux parties dures; les muscles aux graisses, &c.

Les os, les cornes, les poils, les cartilages, peuvent être rejettés comme n'étant pas susceptibles de décomposition, ou ne l'étant que d'une décomposition très-lente.

MAIS si on se bornoit à opérer la décomposition de quelques végétaux isolément, et sans fournir à l'acide qui se forme d'autres bases que les débris terreux ou alkalins du végétal, la quantité de nitrate formé seroit peu de chose : il faut donc mêler avec le végétal les principes nécessaires pour s'emparer de tout l'acide qui se développe, et ces principes doivent être choisis parmi les matières terreuses ou alkalines.

Tome I. P

Comme le nitrate de potasse est le seul propre à la fabrication de la poudre, nul doute
qu'on ne doive préférer la potasse pour ces opérations : mais il faut se garder de l'employer
seule et à nud, dans une grande proportion ;
car elle arrêteroit et suffoqueroit la décomposition végétale ou animale, et nuiroit à la
génération du salpêtre. Aussi a-t-on observé
que l'addition des alkalis n'est convenable
que vers la fin. Il faut faire entrer beaucoup
de végétaux dans les compositions nitrogènes ;
car, outre qu'ils contiennent de la potasse
en nature, les émanations des matières animales et végétales en décomposition, donnent
lieu à la formation des matières alkalines,
d'après les expériences de *Thouvenel*.

Parmi les substances terreuses qu'on peut
mêler avec les matières animales ou végétales, il n'en est pas d'aussi propres que les
terres crayeuses ; et, parmi ces dernières, on
doit préférer les plus légères, les plus poreuses et celles dont la formation est due
évidemment à la dépouille des animaux marins.

On a même observé que les terres calcaires étoient plus susceptibles de se salpêtrer
lorsqu'elles contenoient une certaine quantité d'ochre ; et, à mesure que ces pierres se

pénètrent de salpêtre, la couleur en devient jaunâtre par l'oxidation progressive du fer qu'elles recèlent.

Les pierres calcaires paroissent d'autant plus propres à se salpêtrer, qu'elles sont plus poreuses, plus ouvertes aux émanations, et conséquemment plus avides à pomper les principes nitrogènes.

On peut disposer les terres calcaires à se salpêtrer, en les divisant par la trituration, la calcination, &c. C'est ainsi que la chaux éteinte se salpêtre plus facilement que la pierre qui la fournit; et que les pierres brisées par le marteau, acquièrent plus de facilité pour se salpêtrer.

On peut encore y parvenir en les rendant plus poreuses par leur mélange avec des corps étrangers; de-là vient que les mortiers se salpêtrent plus aisément que les pierres calcaires de même nature. Le tuffeau de la Touraine qui contient un cinquième de sable et quatre cinquièmes de chaux, se salpêtre avec la plus grande facilité. Les craies de la ci-devant Champagne ne se salpêtrent aisément que parce qu'elles sont très-poreuses et très-divisées.

La marne, où le principe calcaire domine, est aussi très-susceptible de se salpêtrer. La propriété qu'elle a d'effleurir à l'air, et son état de division extrême ajoutent à cette propriété.

La Rochefoucault a observé que les craies qui contenoient un peu d'argille se salpêtroient mieux que celles qui étoient plus pures : et *Dolomieu* a vu qu'à Malthe on préfère un mélange de terre calcaire et d'un peu d'argille à la craie pure.

On peut encore mêler avec avantage les terres lessivées avec les matières putréfiantes, et on doit fixer son choix sur celles qui produisent le plus et se salpêtrent en moins de tems. On peut les aérer en les mêlant avec de la paille, du sable, ou autres matières qui les rendent poreuses et facilitent l'accès de l'air. On doit les arroser avec du sang, des écumes de salpêtre, de l'eau de fumier, &c.

Dans plusieurs départemens il suffit d'une simple exposition à l'air pour y déterminer la régénération du salpêtre au bout de quelques mois.

La charrée ou les cendres lessivées, sont encore très-propres à se salpêtrer ; les terres qui en sont la base y sont très-divisées et avides de combinaison.

La pierre calcaire lisse et compacte, de couleur grise, dont la cassure présente des

angles vifs et bien décidés, sans empreinte
de coquillages, se salpêtre rarement : on
observe même ordinairement que ses efflorescences sont du sulfate de soude ou de magnésie
qui en impose aux personnes peu exercées
dans la dégustation des terres.

Lorsque les matières animales ou végétales
se décomposent au milieu des terres siliceuses
ou alumineuses, il n'y a point génération du
salpêtre : l'acide qui se forme n'ayant aucune
action sur ces terres, s'exhale, ou est délayé
par les eaux. C'est pour cette raison que nous
ne trouvons que peu de salpêtre dans les
pays dont le sol est une roche primitive de
granit ou de schiste. Nous observerons même
encore, que dans ces pays de roches les mortiers se salpêtrent rarement, parce qu'ils
sont très-compactes. On n'y exploite que le
sol de quelques caves, remises et écuries.
Le salpêtre y est presque tout à base d'alkali,
parce que l'acide qui se forme ne peut s'y
combiner qu'avec cette base.

MAIS les conditions nécessaires au succès
d'une nitrière artificielle ne se bornent point
au choix des matières animales, végétales et
terreuses; sans doute elles sont la base de
l'opération, puisque sans elles on ne peut

P 3

et on ne doit pas espérer de salpêtre ; mais nous n'avons encore rien dit des circonstances favorables à la décomposition des matières et à la fixation de l'acide qui se produit : et c'est là la partie la plus difficile du problême à résoudre ; car, par-tout nous voyons se putréfier des végétaux et des animaux : mais partout nous ne voyons pas se former du salpêtre ; il faut donc connoître les circonstances qui peuvent favoriser cette œuvre ; il faut savoir les maîtriser avec art, les assortir ou approprier la qualité des matières à la disposition des lieux, à la nature du climat ; il faut diriger avec intelligence l'action de l'air, de la lumière et de la chaleur, profiter des momens marqués pour les arrosages, savoir tourner et manier à propos les couches, entretenir une exacte proportion entre les bases terreuses et les principes putréfians, &c. Nous allons rapporter ce que l'observation et les principes chymiques nous apprennent à ce sujet.

Il faut que les proportions entre les bases terreuses et les principes putréfians soient telles, que tout l'acide qui se forme puisse être combiné.

Il faut éviter avec soin une trop grande proportion de terre : car, outre qu'elle doit diminuer, par la place inutile qu'elle occupe, le produit du salpêtre, elle ralentit encore la décomposition.

Mais il n'est pas facile de déterminer et d'arrêter de justes proportions entre ces principes : cela dépend, 1°. de la pureté et du degré de division de la terre ; 2°. de la nature même des matières putréfiantes qui développent une quantité plus ou moins considérable d'azote, et favorisent plus ou moins la formation de l'acide. L'observation doit servir de guide à chacun : et, en prenant un terme moyen sur toutes les expériences connues, on peut conclure que la craie ou la chaux très-divisées, peuvent entrer dans la proportion d'un cinquième à un dixième sur le volume des plantes employées.

Si, pour aérer les couches, on est obligé de mêler du sable, de la paille, ou autres matières, il est inutile de prévenir que ces substances, subsidiaires à la nitrification, sont étrangères aux proportions que nous venons de faire connoître.

Comme les terres forment l'excipient de l'acide qui est créé par la décomposition des matières putréfiantes, elles doivent être rapprochées, le plus possible, de ces dernières : elles doivent être mêlées à tel point, qu'un atôme d'acide qui se développe ne puisse ni

s'exhaler, ni se porter sur d'autres bases.
Il est donc essentiel de pétrir et de gâcher
avec soin les matières putréfiantes avec les
principes terreux : c'est cette pâte formée à
l'aide d'un peu d'eau de fumier, et brassée
avec force pour bien amalgamer et pénétrer
ces substances l'une par l'autre, qui doit faire
la matière des couches.

Mais il n'y aura pas de fermentation sans
chaleur, comme il n'y aura pas d'oxidation
d'azote avec une chaleur trop forte. Il faut
donc éviter les deux extrêmes : l'expérience
nous a encore appris que le degré le plus
convenable étoit entre le 20 et le 30° du thermomètre de Réaumur.

Il ne faut point que cette chaleur soit l'effet
de l'art, car celle-ci dessèche : il faut qu'elle
soit le résultat de la fermentation ; à cet
effet, outre le degré produit par la couche
elle-même, on la favorise encore en dispo-
sant des couches à fumier dans les nitrières,
en interposant même ces couches avec celles
de terre, en formant dans les coins des tas
de fiente de poules ou de pigeons, en bou-
chant les ouvertures et ne donnant pas d'accès
à l'air, en faisant habiter des bêtes à laine
dans la nitrière, &c.

L'expérience a appris qu'il falloit une chaleur humide, et cette disposition de l'atmosphère peut y être entretenue par une bonne
conduite dans les arrosages, et sur-tout par
l'entretien bien entendu de la fermentation
des couches de fumier.

Cette humidité dans l'air a le double avantage de servir d'excipient aux matières volatiles
de la putréfaction et à l'acide qui se forme,
et de les déposer dans le cœur même des
bases qui doivent les recevoir.

Ce n'est d'ailleurs qu'à l'aide de cette
humidité que la putréfaction s'entretient : une
chaleur sèche volatilise sans putréfier.

On sait déjà avec quelles précautions on
doit arroser les couches à salpêtre. Il faut
sans doute y entretenir une humidité constante et nécessaire; mais il faut bien prendre
garde de ne pas les inonder.

Il est encore à craindre que, par des arrosages faits mal à propos, on n'arrête la putréfaction, au lieu de la favoriser.

Il paroît donc plus convenable d'entretenir
une humidité constante dans l'atmosphère,
à l'aide des fumiers, des fermetures exactes,
de la transpiration des animaux.

Il faut avoir l'attention de ne porter jamais
dans l'atmosphère un degré d'humidité qui

soit tel que l'eau ruisselle sur les parois; il
faut en un mot que l'atmosphère soit saturée
sans excès.

Néanmoins si on s'apperçoit que les couches
à salpêtre se dessèchent, il convient de les
arroser; et les matières les plus convenables
pour ces opérations sont le sang pur ou délayé
dans l'eau, l'eau de fumier, celle des égouts
des rues, &c.

On conservera les matières d'arrosage dans
des tonneaux placés à côté des couches, et
on ne s'en servira que lorsqu'elles seront à
la température de l'atmosphère. On pourra
délayer dans l'eau des arrosages, des matières
animales, du fumier et autres corps susceptibles de putréfaction.

Les matières alkalines qu'on propose pour
les arrosages, ne doivent être employées que
vers la fin de l'opération ou de la décomposition de la couche; il en est de même
de l'urine et de toutes les matières salines.

On voit déjà que pour obtenir une chaleur
et une humidité constantes, il faut bannir les
courans d'air : ils auroient le double inconvénient de ralentir le travail de la putréfaction,
et de disperser les principes qui se dégagent.

A mesure qu'une portion de l'air atmosphérique se combinera avec l'azote pour for-

mer l'acide, l'air extérieur saura bien se précipiter dans l'attelier pour y remplacer celui qui sera absorbé.

De ce que l'air est nécessaire pour la décomposition des matières putréfiantes, et la formation de l'acide, on peut conclure la nécessité de faire présenter à la masse le plus de surface possible. On y parvient, 1°. en divisant les matières, en les mêlant avec du tuf, du sable, de la paille, &c. 3°. en pratiquant des trous dans l'épaisseur des couches qui les percent de part en part; 4°. en remuant de temps en temps les matières en putréfaction et les labourant à une certaine profondeur avec un rateau armé de dents de fer.

Le remuage des terres doit être fait avec la plus grande précaution, car il arrête la putréfaction; et nous observerons une fois pour toutes, que dans toutes les opérations qu'on fait sur les couches à salpêtre, il faut caresser plutôt que violenter; il ne faut aucune de ces opérations brusques qui désorganisent tout, confondent tout; il faut accoucher la nature, et non la forcer; lui faciliter toutes les opérations, et jamais la contrarier: l'œuvre de la génération du salpêtre lui appartient; tout l'art consiste à lui en fournir et préparer les moyens.

On peut encore conclure des mêmes principes qu'une grande lumière est plus nuisible qu'utile à la nitrification ; elle favorise la volatilisation de l'azote et de tous les principes qui en sont susceptibles ; conséquemment elle raréfie l'air, dessèche les couches, et nuit aux opérations.

C'est sans doute parce que l'air est plus humide dans les lieux exposés au nord, que la lumière y est moins vive et la chaleur moins variable, que tout le monde s'accorde à tourner vers le nord les ouvertures des nitrières.

Nous observerons cependant qu'une obscurité presque parfaite peut être très-utile dans le commencement et pendant tout le temps que s'opère la décomposition des matières putréfiantes ; mais vers la fin de l'opération, c'est-à-dire, dans le moment où tous leurs principes désunis sont mêlés et confondus avec la base terreuse, il convient alors de frapper les résultats par une lumière assez vive ; on peut alors renouveller l'air avec précaution, et ne plus lui donner le même degré d'humidité : il s'agit en ce moment, de vivifier en quelque façon les élémens dispersés dans le terreau ; et il ne faut plus que de l'air et de la lumière.

On ne doit lessiver les couches que lorsque la décomposition est complète. Si on prémature cette opération, les eaux de lessive seront colorées, épaisses, gluantes, très-difficiles à traiter. Le terme du lessivage des couches ne peut pas être déterminé ; il dépend de la température de l'air, de la nature des matières, de la conduite de la nitrière, de l'épaisseur des couches, &c.

Après avoir fait connoître ce que l'observation et les principes chymiques nous apprennent sur la nitrification, nous croyons devoir exposer en peu de mots, les moyens usités de nos jours pour se procurer du salpêtre par l'établissement de nitrières artificielles.

Nous voyons d'abord, que par-tout c'est la putréfaction des substances végétales et animales mises en contact avec des matières crayeuses, qui fait la base de ces opérations.

En Prusse on mêle cinq mesures de terre noire végétale, de terre de caves ou autres souterrains, avec une mesure de cendres non lessivées et de la paille d'orge : on gâche ces matières avec de l'eau de fumier ou d'égout, et on élève des murs de vingt pieds de long sur six à sept de haut, et trois à la base qui se réduisent à deux au sommet. Des planches servent d'étui ou de moule pour poser les fondemens ; on met des bâtons dans la couche,

de distance eu distance, et on les retire quand
elle a pris assez de retrait ou de consistance
pour en permettre la sortie. Les murs sont
placés dans les lieux les plus humides, à l'abri
du soleil, couverts d'un toit de paille qui dé-
borde pour mieux garantir la pluie. On les
arrose de temps en temps, et on peut les lessiver au bout d'une année.

Dans l'isle de Malte on prend la terre calcaire la plus poreuse, qu'on mêle avec de la
paille lessivée. On en forme des piles triangulaires oblongues, que l'on construit par des
couches successives de terre et de fumier
d'un demi-pied d'épaisseur, et qu'on termine
par un petit lit de fumier qu'on y répand
à la main ; on arrose avec un mélange d'eau-
mère de salpêtre, d'urine, d'eau de fumier, &c.
On laisse dessécher les surfaces de ces terres
empilées, on brise les piles, et on retourne
et mélange les terres : on les arrose de nouveau.

Lorsque le fumier est détruit, on y supplée
par une boue composée d'eau et de fumier.

On ne lessive que tous les trois ans. La
première année, on saupoudre tous les mois
avec de la chaux éteinte réduite en poudre.

En Suède on forme des couches à salpêtre
avec du chaume, de la chaux, des cendres

et de la terre des prés ; la base est construite en briques posées de champ. Sur cette base est un lit de mortier fait avec la terre de prés, la cendre, la chaux et suffisante quantité d'eau-mère de salpêtre ou d'urine ; on le recouvre avec un lit de chaume, et on élève alternativement des lits de chaume et de mortier jusqu'au sommet.

On garantit les couches de la pluie, avec des perches et un toit de bruyère.

On les arrose avec de l'urine, des eaux croupissantes, &c.

Ces couches rapportent au bout d'un an, et en durent dix.

On en détache le salpêtre avec des balais tous les huit jours, et on les arrose, dès qu'elles sont balayées, avec des eaux-mères étendues d'eau pure.

Le résidu, au bout de dix ans, est un excellent engrais pour la culture du chanvre et du lin.

Dans le canton d'Appenzell, en Suisse, on a profité de la position des étables sur la pente rapide des montagnes pour y former des nitrières très-productives.

Ces étables quarrées sont appuyées d'un côté, contre la montagne elle-même, et élevées plus ou moins par l'extrémité opposée, au-

dessus du sol, selon l'inclinaison du terrain;
ce côté porté sur des dés de pierres, ou des
pieux de bois, à deux ou trois pieds de hauteur,
laisse un intervalle ouvert à l'air entre le plancher de l'étable et la terre : c'est dans cet
espace qu'on creuse une fosse qui l'occupe
en entier, et dont la profondeur est d'environ
trois pieds. On remplace la terre qu'on en
tire par une terre très-poreuse et conséquemment susceptible de s'imbiber de l'urine des
bestiaux.

On lessive cette terre tous les deux ou
trois ans, on dessèche le résidu terreux à l'air
libre, et on la remet dans la fosse.

On a observé que la terre vierge donne plus
lentement la première récolte, et que les terres
qui ont déjà fourni du salpêtre pouvoient être
lessivées au bout de chaque année.

On retire environ un millier de salpêtre
d'une étable médiocrement peuplée.

On a l'attention de diriger vers le nord
l'ouverture de la nitrière.

On a essayé, en divers temps, de former
des nitrières sur divers points du territoire
Français. Le gouvernement a publié des procédés dont l'exécution livrée presque par-
tout aux préjugés ou à l'ignorance, n'a produit d'autre effet que d'opérer la ruine et le
découragement

découragement de tous ceux qui s'y sont livrés. Les causes du peu de succès de ces tentatives, nous paroissent tenir à la forme vicieuse de l'administration des salpêtres de ce temps-là. La régie des poudres qui spéculoit, au nom du Gouvernement, sur le prix du salpêtre, avoit un intérêt diamétralement opposé à celui des entrepreneurs. Par le plus bizarre de tous les contrats, ceux-ci étoient tenus de verser le produit de leur industrie entre les mains des régisseurs, au prix modique fixé par le ministère ; de manière que le Gouvernement lui-même qui faisoit une branche de revenu public de l'objet des poudres et salpêtres, ne pouvoit l'accroître qu'en ruinant l'industrie et décourageant les entrepreneurs. Ce gain impolitique, de quatre à six cents mille livres par an, a tari une source précieuse de l'industrie nationale.

La France libre, qui regarde le salpêtre comme un des élémens les plus précieux de sa liberté, doit porter dans l'organisation de cette partie, les grandes vues qui l'ont conduite dans tous les autres objets du service public ; elle doit chercher les moyens de ranimer cette portion de l'industrie nationale, de laisser aux arts le salpêtre qui leur est nécessaire, et s'assurer néanmoins ses approvisionnemens en pou-

Tome I. Q

dre ; et nous pensons qu'elle peut aisément
y parvenir. Placée entre les climats du nord
où le salpêtre est tout produit par l'art, et
les régions brûlantes du midi, où la nature
fournit elle-même ce sel en abondance, la
France n'a presque besoin que d'accoucher
la nature.

.Ses nitrières, à elle, sont dans la douceur
de son climat et dans les habitations de ses
nombreux habitans ; il n'est question que d'y
aider la nature, en mettant à profit les leçons
d'une très-longue observation.

C'est donc moins sur la ressource des nitrières artificielles que doit reposer une récolte annuelle de six à huit millions de salpêtre, que sur le produit naturel du sol de
la République convenablement travaillé.

Ainsi, outre le produit des nitrières artificielles, il faut faire un appel à toutes nos
ressources territoriales ; et ces ressources
existent dans le sol de nos écuries, bergeries,
remises, &c. il n'est question que de les préparer et de les disposer avantageusement.

La terre des caves se salpêtre assez généralement, et presque par-tout elle forme une
très-grande ressource pour les atteliers d'exploitation. Mais la nitrification y est lente,
le salpêtre ne se forme qu'à quelques pouces

de profondeur, et il est possible d'accélérer cette génération : il ne s'agit que de soulever la terre afin de la bien aérer et de la mêler avec de la paille d'orge. Nous nous garderons bien de proposer d'introduire des plantes fraîches ou des substances animales capables de putréfaction dans les caves ; car, outre que leur décomposition en vicieroit l'air, elle tendroit encore à altérer la qualité des vins qu'on y conserve.

Les remises, les écuries, les bergeries, les granges, peuvent encore fournir une très-grande ressource. Il s'agit d'inviter les propriétaires qui les ont pavées pour se soustraire à la servitude des fouilles des salpêtriers, à les dépaver ou à en recouvrir le sol d'un pied de terre végétale ou calcaire. Comme le salpêtre se forme encore sur les murs de toutes ces habitations, il convient de les enduire de mortier pour leur présenter une base capable d'y fixer l'acide nitrique qui se développe.

Dans le très-grand nombre de nos districts montagneux, les caves, les écuries, les bergeries, les granges y sont établies sur le roc, et la récolte du salpêtre y est presque nulle. Mais de quelle ressource les nombreux bestiaux qui les habitent ne pourront-ils pas devenir, lorsque l'agriculteur, jaloux d'allier son intérêt à l'intérêt public, recouvrira ce roc d'un pied de terre végétale, et pourra la lessiver toutes les années ! Chaque pied cube de terre lui fournissant quelques onces de salpêtre, il accroît à la fois ses revenus et remplit les magasins de la République.

L'agriculture n'a rien à perdre dans l'établissement de ces nitrières. On enlève avec soin tout le fumier des animaux pour le donner aux engrais, et ces habitations deviennent même plus saines, parce que l'urine qui s'infiltre dans la couche ne forme plus de cloaque.

Les terres les plus propres à former ces couches à salpêtre, sont la terre noire des prés, les craies et les débris pulvérulens des habitations.

Mais, outre la ressource très-naturelle des caves, des écuries, des bergeries, l'homme de la campagne a encore à sa disposition des moyens très-puissans pour la production du salpêtre. Le poussier du fourrage, les débris des légumes, la terre noire qu'on trouve sous le gazon ou au pied des arbres touffus, mêlés et pourris ensemble dans un coin obscur et humide de la ferme et à l'abri de la pluie et des inondations, formeront une nitrière très-productive.

En supposant dans une ferme, une écurie, une bergerie et une grange, dont les dimensions de chacune soient de trente pieds en quarré et dont le sol soit recouvert d'une couche de terre d'un pied de profondeur propre à se salpêtrer, le produit annuel en salpêtre seroit de mille trois cents cinquante livres, dans la supposition peu favorable que le pied cube ne fournit que huit onces.

Et en n'admettant qu'une seule de ces fermes dans chacune des quarante-quatre mille municipalités, il en résulteroit un produit annuel de cinquante-neuf millions quatre cents mille livres de salpêtre.

Il n'est pas inutile d'observer que pour obtenir la même quantité de salpêtre par des nitrières artificielles, il en faudroit trois mille neuf cents soixante, et qu'il faut supposer, contre toute vraisemblance, qu'on lessivât dans chaque trente mille pieds cubes de terre par an, ce qui demande cent huit cuveaux et des hangards de trois cents cinquante pieds de long sur vingt-quatre de large, et cinq pieds de hauteur pour les couches.

Toutes ces considérations doivent nous porter à presser le remplacement des terres, et à en faire un devoir à ceux qui les ont les-

.Q 3

sivées ; mais le remplacement mérite encore quelques observations de notre part. 1°. Les terres ne doivent être reportées dans les lieux d'où on les a extraites que lorsqu'elles sont parfaitement égouttées : sans cette précaution, non-seulement elles embarrassent le propriétaire, mais au moment qu'elles se dessèchent il se forme une croûte à la surface qui, ne permettant aucun accès à l'air, s'oppose à la nitrification. 2°. On a observé que les terres lessivées auroient plus de tendance à se salpêtrer que les neuves ; mais elles ne conservent pas éternellement cette propriété : l'expérience nous a appris qu'en général une terre lessivée devoit être rejettée au bout de dix ans. Cela tient à ce que la terre propre à s'unir à l'acide ne forme qu'une partie de la terre qu'on lessive ; de manière qu'à chaque opération la proportion de cette terre diminue, et il ne reste, à la fin, que du sable, de l'alumine ou de la silice. C'est en partant de ces principes, qu'on pourra concevoir pourquoi des murs toujours soumis à l'action des mêmes agens finissent par ne plus se salpêtrer, et pourquoi une très-grande partie des nitrières qui ont été formées ont cessé de produire au bout de quelques années.

Les terres d'une nitrière doivent être rafraîchies ou renouvellées d'autant plus souvent qu'elles sont moins calcaires.

Les craies et la chaux pure peuvent servir jusqu'à la consommation du dernier atôme.

On peut tirer encore de ceci une conséquence pratique ; c'est qu'il est avantageux de mêler des terres vierges avec les terres lessivées ; car, non-seulement on les dessèche par ce moyen, mais on leur maintient la propriété de présenter une base convenable à l'acide.

Dans certains départemens de la République, on est dans l'usage d'exposer au grand air les terres lessivées, dans la vue d'y développer une nouvelle quantité de salpêtre. Dans le midi où, en général, on mêle les terres avec de la paille pour en faciliter le lessivage, on forme des couches avec les mêmes terres sortant des cuveaux ; le salpêtre effleurit à la surface, on l'enlève, et peu à peu on épuise toute la masse.

Dans quelques endroits on arrose ces mêmes terres avec des écumes ou autres résidus des travaux des salpêtres, et on entretient des nitrières de cette manière. Dans le département de l'Aube on se contente depuis quelque temps d'exposer les terres lessivées, par

couches, au grand air : le salpêtre y effleurit en une telle abondance, que les terres
une fois lessivées forment ensuite des nitrières
très-productives.

Le procédé ci-dessus ne convient pas à
toutes les terres ni à tous les climats. Ces
expériences répétées avec soin à Montagne-
de-bon-air, sur des terres bien épuisées,
n'ont plus donné vestige de salpêtre. Nous
croyons bien que les terres poreuses et légères, telles que celles de la ci-devant Champagne, se salpêtrent très-aisément : mais nous
ne saurions trop recommander de se tenir en
garde contre les conséquences d'une génération aussi subite. En effet, comment concevoir que le salpêtre se forme en quelques
jours ? comment concevoir qu'il se forme bien
plus promptement et plus abondamment au
grand air que sous des hangards ? Ne peut-on
pas croire que les terres, très-avides d'eau
et qui en conservent une bonne partie après
leur lessivage, retiennent conséquemment
une grande quantité de salpêtre qui devient
sensible par l'évaporation de ce même liquide ?
Alors on concevra sans peine comment la
génération du salpêtre paroît favorisée par
l'exposition de la couche au grand air ; et
pourquoi les marnes crayeuses, dont le lessi-

vage est très-difficile, ont paru plus dispo-
sées à produire ce phénomène que les autres
terres.

Il est plusieurs arts dans la société dont
les opérations se lient naturellement avec la
fabrication du salpêtre : par exemple, la chaux
des tanneurs mêlée avec la boue des rues ;
la matière solide des fosses d'aisance, ou la
terre noire des prés, et une quantité suffisante de végétaux pour opérer une prompte
putréfaction, forment une nitrière excellente.

On peut encore en établir dans les pape-
teries, où les chiffons de laine, les vieux
feutres, les végétaux nombreux qui se trouvent ordinairement proche de ces moulins,
fournissent la base des couches qu'on peut
arroser avec les vieilles eaux de colle, l'eau
des pourrissoirs, &c.

Dans toutes les fabriques de draps, les
débris de laine, les eaux provenant de leur
lavage, présentent de grandes ressources.

Dans les atteliers de teintures, les corps
ligneux des couleurs végétales, les lessives
alkalines, les liqueurs animales qui sont usitées dans quelques-unes, sont bien propres
et bien capables d'alimenter une nitrière.

On pourroit encore employer utilement le
sang des animaux qu'on égorge dans les bou-

cheries, la liqueur des premiers intestins, et autres matières qu'on y néglige.

L'eau dans laquelle on fait bouillir le cocon pour le dépouiller de sa soie, et le résidu de la larve de cet insecte, offrent de grandes ressources.

Les marchés au poisson, les ports de mer, fournissent encore bien des matières propres à la nitrification.

Tous ces moyens de nitrification que la nature paroît avoir placés dans les mains de tous les individus, comme pour les appeller tous à la fabrication du salpêtre devenu le maintien de leur liberté, ne doivent pas détourner le Gouvernement de l'idée avantageuse de former des nitrières artificielles.

Le Gouvernement doit trouver, dans le sol de la République, son approvisionnement assuré en salpêtre, et cet approvisionnement doit être indépendant de la fouille domestique dont le citoyen doit être affranchi; il doit donc fonder ses ressources sur l'achat libre du salpêtre qui sera récolté par les citoyens, et sur le produit des nitrières artificielles.

En établissant, par district, une nitrière dont les couches présentent environ 30,000 pieds cubes, le produit moyen peut s'élever annuellement à 6 ou 7000 liv. de salpêtre dans chaque, ce qui forme un total de 3 à 4 millions par an, et remplit presque les besoins de la République.

Mais nous ne croyons pas qu'il convienne de répartir les nitrières par district; il vaut mieux les serrer et les multiplier sur les points de la France les plus favorables à ces opérations par le climat, le sol et l'abondance des matières nitrogènes. Par exemple, dans les départemens dont le sol est une roche de granit ou de schiste; dans les départemens montagneux, où les légumes suffisent à peine à la nourriture des habitans, et où le fumier manque à la culture des terres; dans les départemens dont l'air froid et presque constamment agité se prête peu à la nitrification, il faut tourner l'industrie patriotique des citoyens vers les ressources domestiques; il faut leur apprendre à nitrifier le sol de leurs écuries, bergeries, granges, remises, caves, &c. il faut leur enseigner l'art de lessiver eux-mêmes leurs terres et d'en extraire le sel qu'elles contiennent; il faut, en un mot, populariser les travaux du salpêtre, et en faire des opérations de ménage; car l'expérience nous a appris que, dans ces départemens, pour épuiser les terres du peu de salpêtre qu'elles contiennent, par des établissemens publics , il en coûtoit des sommes énormes.

Les nitrières doivent être établies dans tous les départemens du midi , et dans ceux de la ci-devant Touraine , Poitou , Champagne , &c. C'est aux préposés des salpêtres et poudres à y déterminer les emplacemens.

Il nous paroît qu'on peut encore concilier un établissement de salpêtre dans chaque commune de la République dont la population excède 15,000 ames , avec les besoins de l'agriculture , des arts et des usages domestiques. Les débris des légumes , les boues des rues , le sang des boucheries , la terre noire des fosses d'aisance , la facilité de disposer de quelques édifices nationaux peu propres à d'autres usages ; tout se réunit pour les succès d'une nitrière.

Et , quoique nous ayons déjà tout dit sur le choix des matières et la manière de conduire une nitrière artificielle , nous croyons devoir faire une nouvelle application de ces principes aux établissemens que nous proposons en ce moment.

On ne doit décider l'établissement d'une nitrière que dans les communes où les terres se salpêtrent le plus facilement ; et si l'on a à fixer son choix sur plusieurs bâtimens , on doit préférer celui qui s'est le plus salpêtré.

Comme les nitrières ne peuvent se former que dans les caves et aux rez-de-chaussée, on peut concilier ces établissemens avec d'autres parties du service public : il n'est même pas inutile d'observer que les endroits humides étant favorables à la nitrification, les lieux propres au salpêtre ne peuvent guère servir à d'autres usages.

On doit encore tâcher de ne former ces atteliers que dans des bâtimens spacieux, dont les avenues soient faciles, et où l'on puisse se procurer assez d'eau pour fournir aux arrosages.

Il seroit encore très-avantageux de pouvoir placer, dans le même lieu, l'attélier d'extraction du salpêtre ; car le lessivage des terres et l'évaporation des eaux se faisant sur les lieux, il n'y a plus de transport ; le même chef, les mêmes ouvriers conduisent toutes les opérations ; l'atmosphère chargée de salpêtre, le dépose sur les couches ; on profite des eaux-mères épuisées, des écumes, et généralement de tous les produits. Ce sont les mêmes circonstances qu'il est avantageux de réunir, qui nous font desirer que le Gouvernement forme une nitrière à côté de chacune de ses raffineries, et que l'attelier de salpêtre de chaque commune soit transféré dans le local même de la nitrière.

En supposant qu'on ne trouve pas de bâtiment convenable pour y asseoir une nitrière publique, il est aisé d'en construire en peu de temps et à peu de frais. Un simple hangard de 20 à 3o pieds de large, sur 100 à 15o pieds de long, formé par des poteaux liés entre eux par des traverses ou entretoises, et couvert d'un toît de chaume à deux égouts, est très-propre à recevoir un semblable établissement. On peut néanmoins varier ses dimensions et les approprier aux localités : on fermera les côtés du hangard avec de la paille, des murs en terre, des nattes ou des planches fixées par un bout aux entretoises, et reposant par l'autre sur le sol même du hangard.

Il convient de creuser le sol à une profondeur de 3 ou 4 pieds, et de disposer dans le fond une couche de terre végétale ou calcaire d'un pied d'épaisseur : c'est là-dessus qu'on doit établir les matières propres à se décomposer : on en élevera la couche de cinq à six pieds, et lorsque les substances végétales seront presque désunies et désorganisées, on les remuera, on les retournera avec précaution ; on y mêlera avec succès de la terre noire des prés, de la terre noire des souterrains, de la matière noire des latrines ; on arrosera avec du sang ou de l'eau de fumier, et on en formera des murs dans toute la longueur du hangard, en laissant entre eux le moins d'intervalle possible. En élevant les murs, on y pratiquera des ouvertures, en les rapprochant le plus qu'il sera possible les uns des autres.

On doit se conduire, en un mot, d'après les principes généraux que nous avons développés : on peut regarder comme très-dangereux, d'asservir un entrepreneur de nitrière à l'exécution d'un procédé qui lui seroit prescrit : la différence des climats, des saisons, des expositions, la nature des végétaux et des terres, l'épaisseur des couches, l'étendue des hangards, doivent apporter des variétés prodigieuses dans les résultats, et nécessiter, à chaque moment, des modifications infinies.

La craie de Champagne se salpêtre d'elle-même en l'exposant au grand air ; les terres plus compactes ne s'y imprègnent pas d'un atôme de sel. Les terres du midi ont besoin d'être mêlées et aérées par la paille.

On ne peut déterminer ni le terme de la putréfaction, ni une époque marquée pour

les arrosages , ni le temps fixé pour le remuage des terres , &c. Il faut que l'entrepreneur intelligent se pénètre bien des principes
généraux que nous avons établis , et qu'il
lise sa conduite sur les caractères que lui
présentera sa couche dans les divers temps.

Nous ne doutons pas que c'est pour avoir
voulu assujettir d'une manière trop servile
à des méthodes rigoureuses , que les premiers
essais ordonnés pour l'établissement des nitrières ont été si infructueux.

SECTION II.

*Art du Salpêtrier , ou procédés pour extraire
le salpêtre des principes terreux qui le
contiennent.*

AVANT de travailler une terre pour en tirer du salpêtre , il faut s'être assuré que ce
sel y existe , et qu'il s'y trouve en assez
grande quantité pour que l'exploitation soit
profitable.

Les moyens qu'emploie le salpêtrier pour
acquérir ces connoissances , lui sont fournis
par la vue ou la dégustation des matériaux
salpêtrés.

Les

Les pierres pénétrées de salpêtre se ger-
cent et effleurissent : les mousses et autres
plantes ne sauroient prendre racine dans leurs
joints.

Quelques atômes très-divisés de ces matières salpêtrées portés sur la langue, y déterminent un goût salé, qui varie selon que
le salpêtre est à base de terre ou d'alkali,
et selon la nature et la proportion des sels
étrangers qui sont mêlés avec lui : ainsi la
saveur en est *douce, piquante* ou *amère*.

Lorsqu'on a reconnu qu'une terre est suffisamment salpêtrée pour permettre l'exploitation, on creuse dans plusieurs endroits et
à une profondeur de quelques pouces, pour
s'assurer de toute la terre qui est salpêtrée ;
on l'enlève avec soin et on la transporte dans
l'attelier pour procéder à son lessivage. Il
est avantageux de laisser cette terre exposée
à l'air pendant quelque temps avant de procéder à son exploitation, parce qu'on a observé que le salpêtre y devient plus abondant.

Pour lessiver les terres on a des tonneaux ou
des bassins de pierres, percés d'un trou vers
le bas : ce trou est garni d'une chantepleure
et d'une broche ; on environne le trou d'un
bouchon de paille et de quelques pierres, qui

Tome I. R

empêchent la terre ou les plâtras de le boucher : l'eau coule claire à travers cette paille, parce qu'elle dépose, en se filtrant à travers, tous les principes qu'elle ne tient pas en dissolution.

Lorsque le tonneau est ainsi disposé, on le remplit de matériaux salpêtrés jusqu'à deux ou trois doigts du bord supérieur ; on ferme la chantepleure, et on jette de l'eau sur ces matériaux jusqu'à ce qu'elle surnage ; on la laisse reposer pendant quatre à six heures ; on ouvre la chantepleure et on reçoit l'eau qui s'écoule dans un baquet placé au-dessous du tonneau.

Cette première eau n'est pas assez chargée de salpêtre pour pouvoir être évaporée avec fruit, la terre même n'est pas épuisée de ce sel ; c'est pour cela qu'on est dans l'usage de passer l'eau sur trois terres différentes, tant pour épuiser les terres que pour donner à la lessive le degré de force convenable pour que l'évaporation soit plus prompte et le produit plus considérable.

On juge de la force des eaux de lessive par le moyen de l'*aréomètre*.

Comme une grande partie du salpêtre est à base terreuse, et qu'il importe de le ramener à l'état de nitrate de potasse, tant pour faciliter la crystallisation que pour augmenter le produit, il est nécessaire d'employer de l'alkali dans les opérations du salpêtre : mais la quantité doit varier selon la nature du salpêtre, et l'expérience seule peut apprendre dans quelle proportion on doit l'employer lorsqu'on exploite telle ou telle terre, ou dans tel ou tel pays.

Quelques salpêtriers mêlent les terres avec les cendres ; d'autres en forment une couche au fond des tonneaux dans lesquels on fait le lessivage : quelques-uns font bouillir les cendres avec l'eau de cuite ; d'autres mêlent la lessive des cendres avec la lessive des terres dans des proportions et à des degrés connus : il en est qui emploient le salin ; il en est qui n'emploient que la potasse : enfin, il seroit difficile de décrire toutes les variétés apportées dans l'emploi de l'alkali.

Lorsqu'une fois on a saturé son *eau de cuite*, il n'est plus question que d'évaporer, pour séparer le salpêtre dissous dans la liqueur : on exécute ordinairement cette opération dans une chaudière de cuivre, et à défaut dans une chaudière de fer. A mesure que l'eau diminue par l'évaporation, on ajoute, pour la remplacer, de l'eau salpêtrée

R 2

nouvelle ; on soutient l'évaporation pendant quelques jours, et jusqu'à ce que la liqueur soit assez rapprochée pour donner son sel par le simple refroidissement : on connoît que la liqueur est épaissie à ce degré, lorsque les petites portions qu'on en retire crystallisent en se refroidissant. Alors on retire la cuite de dessus le feu, et on la porte dans des terrines de terre, dans des bassines de cuivre ou de fer, suivant qu'on les a à sa disposition : on laisse reposer pendant quelques jours ; le salpêtre se dépose en crystaux au fond et sur les parois, et il ne s'agit plus que de verser la liqueur qui surnage et de laisser égoutter pendant quelques temps en tenant le vase incliné.

On mêle cette eau surnageante qu'on appelle *eau-mère*, avec une nouvelle eau de cuite, et on procède à l'évaporation.

Lorsque le salpêtre est mêlé d'une grande quantité de sel marin, on profite, pour l'en séparer, de la propriété qu'il a de se précipiter par l'ébullition. A cet effet, lorsque l'évaporation est avancée et que le salpêtre est bien rapproché dans la liqueur, on enlève le sel marin qui se précipite à l'aide d'une écumoire, et on le met dans un panier d'osier que l'on suspend au-dessus de la chaudière, pour ne rien perdre de ce qui peut en dégoutter.

Il est difficile d'assigner le degré de l'aréomètre auquel on peut reconnoître le point d'épaississement que l'on doit donner à la cuite pour opérer la crystallisation du salpêtre, car tout cela dépend de la nature de la liqueur : lorsque les nitrates terreux y sont très-abondans, la cuite s'épaissit, s'empâte, *tourne au gras*, et refuse de crystalliser ; lorsqu'au contraire la dissolution est bien saturée et qu'elle ne contient que des nitrates de potasse, alors elle peut être fortement rapprochée, et elle se réduit presque toute en crystaux.

SECTION III.

Procédés usités pour raffiner le Salpétre.

LE salpêtre de la *première cuite*, qu'on nomme encore *salpétre brut*, n'est pas au degré de pureté convenable pour être employé dans les opérations délicates de la fabrication de la poudre : il contient du muriate de soude, des nitrates et muriates terreux, un principe colorant, &c. L'art du

R 3

raffinage consiste dans les moyens de le débarrasser de tous les corps étrangers.

Le procédé de raffinage le plus usité dans
les atteliers de la République étoit le suivant:
on met deux mille livres de salpêtre brut
dans une chaudière de cuivre, et on y
ajoute seize cents livres d'eau ; on fait dissoudre par la chaleur ; on enlève l'écume qui
monte rapidement à la surface ; on y jette
ensuite douze onces de colle-forte, dissoute
dans dix pintes d'eau bouillante et mêlée
avec quatre seaux d'eau froide ; cette addition refroidit la lessive ; on agite beaucoup
la liqueur, elle reprend bientôt son bouillon :
on l'écume avec soin ; on ajoute de l'eau à
diverses reprises, pour favoriser la formation et la séparation des écumes qu'on enlève
jusqu'à ce qu'elles cessent de se former ; on
sépare, à l'aide d'une grande cuiller percée,
le sel marin qui se crystallise à la surface,
et on le met égoutter dans un panier placé
au-dessus de la chaudière : on enlève, avec
un puisoir, toute la liqueur : on la vuide
dans des bassins de cuivre, qui ont un couvercle de bois, et qu'on a soin d'étouper
exactement, afin d'empêcher le contact de
l'air ; on l'y laisse refroidir en repos pendant quatre à cinq jours ; le salpêtre s'y crys-

tallise : on l'égoutte ensuite , et c'est ce qu'on appelle *salpêtre de la seconde cuite.*

Ce salpêtre est beaucoup plus blanc ; il est débarrassé de toute la terre, de presque toute l'eau-mère ; mais il retient encore trop de sel marin pour servir avec avantage à la fabrication de la poudre.

On fait subir au salpêtre un second raffinage ou une troisième cuite , à moins d'eau que la première fois.

On met pour cela deux mille livres de salpêtre de *deux cuites* ou de la seconde cuite dans une chaudière de cuivre , on verse par-dessus le quart de son poids d'eau , et on donne le feu.

Lorsque la dissolution du salpêtre est faite à l'aide de la chaleur, on en sépare les écumes à l'*aide de huit onces* de colle-forte , seulement dans cette seconde opération ; on rafraîchit la liqueur avec un ou deux seaux d'eau froide ; on brasse bien , pour former de nouvelles écumes qu'on enlève avec soin. Lorsque la liqueur est bien nette et qu'elle ne donne plus d'écume , on la met en crystallisation dans les bassins ; on en retire les pains de salpêtre cinq jours après ; on les met égoutter en les plaçant de champ et inclinés au-dessus des bassins. Toute l'eau-

R 4

mère étant ainsi séparée , on laisse le salpêtre sécher lentement à l'air ; il faut six
ou sept semaines pour cette dessication :
alors il est sous la forme de pains solides ,
d'un blanc éclatant ; c'est le *salpêtre de troisième cuite* , assez pur pour la fabrication de
la poudre.

La théorie de ce raffinage est fort simple :
la terre n'étant pas soluble dans l'eau , reste
sans se dissoudre , et se sépare avec les écumes , ou se précipite au fond de la chaudière ,
ensorte qu'on ne l'enlève point avec le *puisoir :* le muriate de soude , moins dissoluble
que le nitre pur , se dépose en partie avec
la terre , et celui qui se dissout étant crys-
tallisable par évaporation , se rassemble à la
surface de l'eau et fait partie des écumes.
Les sels terreux déliquescens , le nitrate de
chaux et le muriate de chaux , étant extrêmement dissolubles et ne pouvant pas se crystalliser , restent dissous dans la liqueur qui
surnage les crystaux et forme l'*eau-mère.*

Quoique la méthode de raffinage qui vient
d'être décrite réussisse complettement , le
génie révolutionnaire et les besoins de nos armées demandoient des procédés plus prompts.
On savoit déjà que l'eau froide avoit la faculté de dissoudre le sel marin et d'entraî-

ner les sels déliquescens et le principe colorant, et on a profité de cette propriété reconnue pour dépouiller, par des lavages à froid,
le salpêtre brut de tous les sels étrangers qu'il
contient. Cette méthode proposée par *Baumé*,
a été successivement perfectionnée par *Carny*
et autres chymistes ; et voici de quelle manière on la pratique aujourd'hui dans la raffinerie de l'Unité, où, dans l'espace de quelques
mois, on a raffiné cinq à six millions de salpêtre.

On écrase le salpêtre brut avec des *battes*,
afin que l'eau des lavages puisse plus aisément en attaquer toutes les parties.

On porte le salpêtre écrasé dans des cuveaux, et on en met cinq à six cents livres
dans chaque.

On verse sur le salpêtre vingt pour cent
d'eau, et on brasse ce mélange.

On laisse macérer ou digérer, jusqu'à ce
que la liqueur n'augmente plus en degrés :
six à sept heures suffisent pour cette première opération ; et l'eau prend depuis vingt-
cinq jusqu'à trente-cinq degrés.

On laisse écouler cette première eau de
lavage, et on verse encore dix pour cent
d'eau sur le même salpêtre.

On brasse, et on laisse macérer pendant une
heure.

On fait écouler l'eau.

On verse encore cinq pour cent d'eau sur le salpêtre ; on brasse, et on la fait écouler un moment après.

On verse ce salpêtre égoutté, dans une chaudière contenant cinquante pour cent d'eau bouillante. Lorsque la dissolution est faite, elle doit marquer soixante-six à soixante-huit degrés au pèse-liqueur.

On porte la dissolution dans un crystallisoir, où il se dépose, par le refroidissement, environ les deux tiers du salpêtre employé ; la précipitation commence au bout de demi-heure, et se termine au bout de quatre à six heures. Mais comme il importe d'obtenir le salpêtre en petites aiguilles, attendu que, sous cette forme, l'exsication devient plus aisée, il est nécessaire d'agiter la liqueur dans le crystallisoir pendant tout le temps que se fait le dépôt. C'est à l'aide de rables ou rateaux qu'on imprime un léger mouvement à cette masse de liquide, et qu'on précipite les crystaux en aiguilles très-ténues.

A mesure que le dépôt se forme, on ramène les crystaux sur les bords du crystallisoir, et on les enlève avec une écumoire pour les mettre à égoutter dans des paniers placés à cet effet sur des chevalets ; de manière que l'eau qui en découle peut retomber dans le crystallisoir, ou être reçue dans des bassins qu'on peut placer par-dessous.

On verse ensuite le salpêtre dans des caisses de bois, faites en forme de trémie, et à double fond. Le fond supérieur élevé de deux pouces au-dessus de l'autre, est porté sur des liteaux de bois, et percé de petits trous par où la liqueur peut s'écouler ; elle s'échappe ensuite par une seule ouverture pratiquée au fond inférieur, et va se rendre dans un réservoir. C'est dans ces caisses qu'on lave le salpêtre avec cinq pour cent d'eau. Cette eau est employée ensuite à la dissolution des salpêtres.

Ce salpêtre bien égoutté et exposé à l'air sur des tables à sécher, pendant quelques heures, peut être employé de suite à la fabrication de la poudre.

Mais lorsqu'il est question d'employer le salpêtre à la fabrication de la poudre par le procédé révolutionnaire, on est obligé de le dessécher bien plus fortement : on peut y parvenir en le portant dans une étuve ; ou, ce qui est plus simple, en le chauffant dans une chaudière plate : pour cet effet, on en met une couche de cinq à six pouces dans la chaudière, on la chauffe jusqu'à quarante à cinquante dégrés du thermomètre ; on agite le salpêtre pendant deux à trois heures, et on le dessèche au point que, pressé fortement dans la main, il ne prenne aucune consistance, ne conserve aucune forme, et ressemble à du sable menu et très-sec.

Ce degré de siccité n'est pas nécessaire lorsqu'on fabrique la poudre par le battage sous les pilons.

On voit déjà que, d'après la méthode de raffinage que nous venons de décrire, il y a deux espèces d'eau à considérer : 1°. *les eaux des lavages*, 2°. *les eaux des crystallisoirs*.

Le lavage du salpêtre brut se fait à trois reprises, comme nous l'avons observé.

Il emploie trente-cinq pour cent d'eau sur la quantité de salpêtre mise en travail de raffinage.

Ces lavages sont établis sur le principe que l'eau froide dissout les muriates de soude, les nitrates et muriates terreux, et le principe colorant, sans presque attaquer le nitrate de potasse.

L'eau de ces trois lavages contient donc le muriate de soude, les sels terreux, le principe colorant, et un peu de nitrate de potasse, dont la quantité est en proportion du muriate de soude qui détermine sa dissolution.

L'eau des crystallisoirs contient la portion de muriates de soude et de sels terreux qui a échappé au lavage , et une quantité de nitrate de potasse plus considérable que celle des eaux de lavage.

L'eau , que l'on emploie à la fin pour blanchir et laver les crystaux déposés dans la caisse , ne tient en dissolution qu'un peu de nitrate de potasse.

Ces eaux sont donc de nature très-différente.

Les eaux des lavages forment vraiment des *eaux-mères* : on doit les réunir dans des bassins et les traiter , avec la potasse , par les procédés connus. A la raffinerie de l'Unité , on les évapore jusqu'à soixante-six degrés , en enlevant le muriate de soude , à mesure qu'il se dépose ; on sature cette dissolution avec deux à trois pour cent de potasse ; on laisse déposer ; on décante et verse la cuite dans des crystallisoirs , où l'on fait jeter vingt pour cent d'eau , pour pouvoir retenir en dissolution tout le muriate de soude.

Les eaux qui surnagent le dépôt de crystaux provenant du traitement des *eaux-mères* , peuvent être mêlées avec les eaux des premières crystallisations ; et on peut, par la simple évaporation, séparer le sel marin, et obtenir ensuite, par le refroidissement, le nitrate de potasse qu'elles tiennent en dissolution.

La petite quantité d'eau dont on se sert pour laver et blanchir le salpêtre raffiné, ne contient que du nitrate de potasse ; on peut donc l'employer à la dissolution du salpêtre sortant des cuveaux.

On voit, d'après cet exposé, qu'un attelier qu'on destine au raffinage révolutionnaire doit être pourvu des objets suivans :

1°. Des battes destinées à écraser le salpêtre.

2°. Des cuveaux, pour faire le lavage du salpêtre.

3°. Une chaudière, pour en opérer la dissolution.

4°. Un crystallisoir de cuivre ou de plomb, pour faire réfroidir et crystalliser le salpêtre.

5°. Des paniers, pour égoutter les crystaux.

6°. Une caisse, pour faire complettement égoutter le salpêtre, et lui donner un dernier lavage.

7°. Des balances, pour peser le salpêtre.

8°. Des pèse-liqueurs et des thermomètres,

pour déterminer le degré de chaleur et de consistance.

9°. Des rateaux, pour agiter la liqueur dans le crystallisoir.

10°. Des écumoires, pour enlever les crystaux, et les déposer dans les paniers.

11°. Des siphons ou pouzettes, pour vuider les chaudières.

Le nombre et les dimensions de ces divers effets doivent varier selon la quantité de salpêtre qu'on se propose de raffiner.

En supposant qu'on veuille faire passer au raffinage dix milliers de salpêtre brut par jour, on peut déterminer et fixer les besoins en hommes et ustensiles, de la manière suivante :

On disposera une partie du sol à portée du magasin, de manière qu'on puisse y battre et écraser commodément le salpêtre.

Ce sol doit être recouvert en dalles larges et bien unies, ou en morceaux de bois d'épaisseur.

On peut se servir de battes semblables à celles qui sont employées à la pulvérisation des plâtres.

Deux hommes doivent suffire à l'emmagasinement des salpêtres, à leur pesage et au battage.

COMME les trois lavages ne se terminent qu'en deux jours, et que chaque cuveau ne peut recevoir que cinq à six cents livres de salpêtre, il en faut quarante pour un raffinage de dix milliers.

Ces cuveaux ont deux pieds et demi de haut, et autant de large.

Ils doivent être construits avec le plus grand soin, pour qu'ils ne laissent pas filtrer l'eau des lavages.

On doit les placer solidement sur un plan légèrement incliné, conditionné de manière que les eaux de salpêtre ne puissent pas s'y infiltrer, et terminé par une rigole capable de recevoir les eaux qui peuvent s'écouler dans l'opération, et de les transmettre dans un réservoir placé à l'extrémité de la file des cuveaux.

Ces vingt cuveaux doivent être disposés sur deux lignes parallèles. Les plans sur lesquels ils sont établis peuvent être inclinés l'un vers l'autre, et leur réunion formera la gouttière ou conduit qui doit transmettre, dans le réservoir commun, les eaux qui peuvent s'échapper.

Ces cuveaux seront percés à deux doigts du fond, et l'ouverture en sera fermée par une chantepleure.

Quatre

Quatre hommes peuvent être affectés au lavage des salpêtres. Ils seront chargés de transporter les salpêtres du magasin aux cuveaux, et des cuveaux à la chaudière.

Il est inutile d'observer que les cuveaux doivent être isolés, et disposés de telle manière que le service en soit aisé.

Une chaudière conique, de cinq pieds de large sur quatre de profondeur, peut fournir à trois opérations par jour, et suffiroit, conséquemment, pour un raffinage de quinze milliers.

Un seul homme suffit pour le service de la chaudière.

Le crystallisoir, en plomb ou en cuivre, doit être le plus près de la chaudière qu'il est possible.

Il doit avoir quinze pouces de profondeur, dix pieds de long et huit de large.

Il doit être assis sur un sol bien solide, de manière que le fond repose sur tous les points. Il convient d'élever la maçonnerie sur laquelle le crystallisoir est établi, d'environ douze pouces au-dessus du sol de la raffinerie; par ce moyen, les bords du crystallisoir seront à vingt-sept pouces au-dessus du sol, ce qui rend le service facile.

Tome I. S

Il nous a paru avantageux de donner au fond du crystallisoir une inclinaison de quatre pouces, des parois au centre, et seulement dans la direction longitudinale.

On peut vuider, plusieurs fois de suite, les dissolutions des chaudières dans le crystallisoir, après avoir enlevé le dépôt de crystaux qui provient de chaque dissolution.

Quatre hommes paroissent nécessaires pour l'opération du crystallisoir. Ils seront occupés à agiter continuellement la liqueur en y promenant les rateaux; ils rameneront sans cesse, sur les bords, les crystaux qui se précipitent, les enleveront avec une écumoire, et les porteront dans les paniers destinés à les recevoir et à les faire égoutter.

Ces mêmes ouvriers mettront le salpêtre dans la caisse à égoutter, et le transporteront dans le magasin du salpêtre raffiné.

A défaut d'un grand bassin à crystalliser, on peut employer à cet usage une chaudière plate, ou les bassins qui servent à la crystallisation dans les raffineries actuelles de la République.

Pour disposer le salpêtre à être employé à la fabrication de la poudre : dès qu'il est raffiné, on peut le dessécher par deux procédés, 1°. en l'exposant au grand air, ou au soleil, pendant quelques heures, sur les tables à sécher la poudre ; 2°. en le mettant dans une chaudière plate, et le tenant à une chaleur de quarante ou cinquante degrés pendant deux heures.

Dans l'un et dans l'autre cas, il faut l'agiter, le remuer, presque sans interruption, pour le dessécher promptement et également ment.

UNE assez longue expérience nous a présenté le procédé que nous venons de décrire, comme le plus simple et le plus économique.

Mais, pour éviter la peine de tenter des moyens d'amélioration qui ont pu fixer notre attention, et que nous avons cru devoir rejetter, nous soumettrons les réflexions suivantes :

1°. On a essayé de dissoudre le salpêtre, de le faire crystalliser, et de le laver ensuite pour en séparer le sel marin.

Ce procédé paroît plus avantageux au premier coup-d'œil, parce qu'il supprime le battage ; mais il présente de grands inconvéniens : 1°. le salpêtre brut dissous dans cinquante pour cent d'eau, et versé dans le crystallisoir, ne dépose pas la même quan-

S 2

tité de salpêtre que lorsqu'il a été lavé avant d'être dissous. Cette différence tient à ce que le muriate de soude qui existe dans le salpêtre brut facilite la dissolution du nitrate de potasse ; et, par conséquent, l'eau des crystallisoirs doit retenir en dissolution plus de nitrate de potasse lorsqu'on fait dissoudre le salpêtre brut, que lorsqu'on l'a préalablement lavé à l'eau froide et dégagé du sel marin qu'il contient ; 2°. le lavage du salpêtre, opéré après la dissolution et crystallisation, exige quarante à cinquante pour cent d'eau au lieu de trente-cinq.

3°. On a tenté de dissoudre le salpêtre, dans vingt ou vingt-cinq pour cent d'eau bouillante ; d'enlever le sel marin, à mesure qu'il se précipite par l'ébullition de la liqueur; d'étendre cette dissolution de trente pour cent de nouvelle eau, et de la porter ensuite dans le crystallisoir. On avoit cru, par ce moyen, éviter ou diminuer considérablement les lavages à l'eau froide ; mais, outre qu'une ébullition soutenue pendant quatre à cinq heures pour enlever le sel marin, nécessite une très-grande perte de temps, de combustible et de salpêtre, les lavages sont encore indispensables, tant pour enlever le principe colorant, que pour extraire les dernières portions de muriate de soude.

4°. On pourra croire qu'il seroit peut-être possible de diminuer la quantité d'eau de lavage ; mais on doit observer qu'il est à craindre que , lorsque les salpêtres sont chargés de sel marin , le raffinage n'en soit pas parfait, en employant une moins grande quantité d'eau que celle que nous avons prescrite.

5°. On sera peut-être encore tenté de diminuer la proportion de l'eau employée à la dissolution : mais nous sommes convaincus , par des expériences multipliées , que c'est-là la proportion la plus convenable : si on l'augmente , le salpêtre reste en dissolution dans la liqueur; si on la diminue , il se fige ou se précipite en masse. L'observation a prouvé que le degré de saturation le plus propre à ces travaux , étoit entre le soixante - six et le soixante-huitième du pèse-liqueur.

6°. On pourroit encore regarder , comme plus simple et plus économique , de traiter , avec la potasse , les dissolutions de salpêtre brut ; mais il est à craindre que , dans ce cas, une partie de cet alkali ne soit employée à décomposer le muriate de soude, pour le convertir en muriate de potasse ; et l'on doit observer que ce dernier sel n'est pas du tout

S 3

propre à décomposer les nitrates terreux , malgré qu'en aient dit des chymistes habiles.

Il paroît donc plus convenable de ne traiter les *eaux-mères* , et de n'employer la potasse , que lorsqu'on a séparé tout le sel marin par l'évaporation.

Ce procédé , pratiqué depuis un an à la raffinerie de l'Unité , pour le raffinage du salpêtre , présente plusieurs avantages sur celui qui a été usité jusqu'à ce jour dans les autres atteliers de la République.

1°. *Il consomme beaucoup moins de combustible* , puisqu'au lieu de deux longues dissolutions et ébullitions , il n'est plus question que de porter l'eau d'une chaudière au degré de l'ébullition pour y dissoudre le salpêtre.

2°. *Il exige moins de temps.* Trois jours suffisent pour porter le salpêtre à l'état d'être employé à la fabrication de la poudre.

3°. *Il dispose le salpêtre à sécher plus promptement.* Son état en petits crystaux , de la grosseur d'aiguilles minces , permet de le dessécher complétement par une exposition à l'air de quelques heures. Cet avantage est inappréciable , sur-tout dans une saison où il falloit plusieurs mois pour égoutter les gros pains de salpêtre , et où par conséquent la fabrication de la poudre étoit ralentie ou suspendue, alors même que les séchoirs étoient encombrés de salpêtre humide.

4°. *Il demande des emplacemens moins étendus.* Une chaudière de cinq pieds de large, sur quatre de profondeur ; un bassin à crystalliser de quelques pieds de diamètre , et trente cuveaux , peuvent fournir aisément à un raffinage de quinze milliers par jour.

5°. *Il occasionne moins de perte en salpêtre.* Des expériences rigoureuses ont démontré que les dissolutions usitées dans l'ancien procédé , déterminoient une déperdition de salpêtre , par la seule évaporation , qui s'élevoit jusqu'à sept pour cent de la quantité mise en expérience. Par le nouveau procédé , l'eau qui tient du salpêtre en dissolution n'est jamais portée à l'ébullition , le salpêtre ne séjourne point dans la chaudière , et l'évaporation est presque nulle.

C'est d'après ces considérations que le comité de Salut Public a cru devoir ordonner à l'agence des salpêtres et poudres , par son arrêté du 12 vendemiaire, *d'introduire ce procédé dans toutes les raffineries de la République, et de rédiger, à cet effet, une instruction claire et précise.*

Le nitrate de potasse raffiné ou purifié est

employé pour les opérations délicates, telles que la fabrication de la poudre à canon, la préparation de l'acide nitrique, usité dans les travaux des monnoies et les atteliers des chapeliers, &c.

Le salpêtre de la première cuite est usité dans les fabriques où l'on prépare l'*eau-forte* pour les teintures; il fournit un acide nitro-muriatique, qui est seul capable de dissoudre l'étain.

Le nitrate de potasse crystallise en octaèdres prismatiques, qui représentent presque toujours des prismes à six pans applatis, terminés par des sommets dihèdres.

Il a une saveur piquante suivie de fraîcheur.

Il fuse sur les charbons : son acide se décompose dans ce cas-ci; l'oxigène s'unit au carbone et forme de l'acide carbonique ; le gaz nitrogène et l'eau se dissipent, et c'est ce mélange de principes qui a été connu sous le nom de *clissus*.

La distillation du nitrate de potasse fournit 12,000 pouces cubes de gaz oxigène par livre de sel.

Sept parties d'eau à 60 degrés de *Farenheit* en dissolvent une, et l'eau bouillante en dissout parties égales.

100 grains de crystaux de ce sel contiennent 30 acide, 63 alkali, 7 eau.

Le nitrate fondu avec un peu de soufre et coulé en plaques, forme le *crystal minéral.*

Le nitrate mêlé au soufre à parties égales et jetté dans un creuset rougi au feu, fournit une matière saline qu'on a appellée *sel polichreste de Glaser.*

Le nitrate est employé à saler les viandes, et il leur donne une couleur d'un rouge assez éclatant.

SECTION IV.

Usages du Nitrate de potasse ou salpêtre dans la fabrication de la poudre.

LE mélange exact du salpêtre, du charbon et du soufre constitue la *poudre.*

Les proportions entre ces principes constituans, la pureté de ces matières, leur trituration et leur mélange plus ou moins exacts, déterminent la qualité de la poudre.

Les expériences très-nombreuses que j'ai eu occasion de faire dans la poudrerie de Grenelle, m'ont présenté les résultats suivans.

1°. La proportion du salpêtre nécessaire

à la composition de la poudre, est toujours d'environ les trois quarts de la totalité. On ne peut guère sans inconvénient s'écarter de cette proportion.

2°. La proportion la plus favorable que nous ayons employée, est celle de soixante-dix - sept parties de salpêtre, quatorze de charbon et neuf de soufre.

La proportion la plus constamment employée a été la suivante : soixante-seize parties salpêtre très - sec, douze charbon et douze soufre.

3°. On peut diminuer considérablement la proportion de soufre, on peut même s'en passer; mais dans ce dernier cas la poudre est très-poreuse, n'a pas de consistance, et s'altère par le transport.

4°. Lorsqu'on diminue la proportion du soufre, il faut porter plus de soin dans la trituration; sans cela, la qualité de la poudre s'en ressent.

5°. Si l'on force la proportion du charbon, la poudre est sans consistance, très-légère, très-poreuse et se détériore aisément.

6°. On peut descendre la proportion du soufre jusqu'à n'employer que trois livres par cent livres de composition : au-dessous de

cette proportion la poudre perd de ses qualités essentielles.

7°. La *poudre à canon* supporte plutôt un
moindre dosage en soufre que la *poudre fine.*

8°. Le salpêtre doit être très-pur : les sels
étrangers qu'il peut contenir ne peuvent que
nuire à son effet, et tromper sur la précision
qu'il est nécessaire d'apporter dans le dosage.

9°. Le salpêtre doit être très-sec : cette
qualité est indispensable pour qu'il n'y ait
pas erreur dans le dosage.

10°. Le soufre exige aussi la plus grande
pureté : on ne doit employer à la fabrication
de la poudre que le soufre purifié ; et, lorsqu'il n'est pas d'une belle couleur, et que
le coup-d'œil y annonce un mélange de terre,
on l'en débarrasse aisément par le procédé
suivant.

On le fait fondre dans une chaudière de
fer, et lorsqu'il est bien en fusion on écume
les matières légères qui s'élèvent à la surface;
on laisse précipiter, par le repos, les substances terreuses, et on coule le soufre dans
des caisses. On évite l'inflammation par le secours d'un couvercle avec lequel on recouvre
la chaudière dès que le soufre menace de
s'enflammer.

11°. Il faut porter plus d'attention dans le choix du charbon que dans celui du soufre; celui de Bourdaine est préféré à tout autre : néanmoins des expériences faites à Essonne sur diverses sortes de charbon , ont donné de l'avantage à celui du *peuplier*.

On se sert encore du charbon de *saule*, de celui de *coudrier*, de celui de *sanguin*, &c. et les diverses expériences tentées sur toutes ces sortes , ont fourni des poudres de bonne qualité.

12°. Pour avoir un charbon de bonne qualité, il est nécessaire de n'employer dans la carbonisation que de jeunes branches ; on doit encore avoir l'attention d'écorcer avec soin les tiges qu'on destine à être charbonnées. L'écorce et lés vieux bois contiennent une trop grande quantité de principes terreux.

13°. La manière de charbonner les bois produit encore une différence très-marquée : le bois charbonné en *plein air*, donne un charbon plus compact , plus pesant , que celui qui est charbonné dans des *fosses*.

On préfère généralement le charbon fait dans les fosses , et on procède à cette méthode de carbonisation de la manière suivante :

On creuse une fosse quarrée, de cinq à six pieds de profondeur sur six à huit de diamètre ; on a l'attention de faire choix d'un terrein qui ne soit pas humide ni sujet aux inondations ; on a soin encore de préférer un terrein ferme et qui ne puisse pas s'ébouler.

On élève des murs en briques sur les côtés, pour soutenir les terres et empêcher qu'elles ne se mêlent avec le charbon ; on pave le fond de la fosse également en briques.

Ces dispositions faites, on arrange sur la partie supérieure de la fosse les bois écorcés qu'on doit charbonner ; on en forme une voûte à laquelle on ne laisse qu'une ouverture sur un des côtés, pour pouvoir descendre dans la fosse ; on met le feu à la partie inférieure de la voûte ; et, lorsque la totalité est embrasée et qu'elle s'écroule, on nourrit le feu par l'addition d'une nouvelle quantité de bois. On entretient la combustion jusqu'à ce que la fosse soit remplie de charbon ; on a soin d'agiter, de soulever, de remuer le combustible, pour que la combustion soit égale et que toute la fosse se remplisse.

Lorsque la fosse est comblée, on prend une couverture bien mouillée, par deux des quatre bouts, et on la traîne sur la fosse

pour la recouvrir : dans le même moment,
des hommes armés de pelles, et placés sur les
côtés, jettent de la terre sur tous les points
de la surface de la couverture, d'autres pressent avec les pieds et foulent cette terre pour
ne laisser aucun vuide entre le charbon et
la couverture ; et lorsqu'on n'apperçoit plus
de fumée, on suspend l'opération et on se
retire.

Quelques jours après, on enlève avec soin
la couverture pour découvrir le charbon, sans
y mêler de la terre : on retire le charbon en
séparant celui qui n'est pas suffisamment fait
pour le brûler à une seconde opération, et
on met l'autre dans un endroit bien sec.

Il est des entrepreneurs qui éteignent le
charbon avec de l'eau ; il en est d'autres qui
l'exposent dans des lieux humides : tous ces
procédés sont des fraudes répréhensibles et
funestes pour la fabrication de la poudre.

14°. Le charbon prend de l'humidité par
son séjour à l'air ; et, lorsqu'on veut soigner
la qualité de la poudre, il faut l'employer
récent ou le dessécher.

15°. Le bon charbon doit *casser net*, être
sonore et léger.

16°. Lorsque les matières sont de bonne
qualité, la bonté de la poudre ne dépend

plus que du mélange et de la division de ces mêmes matières.

La trituration par les pilons seroit exacte si toute la composition étoit soumise à une action égale de leur part ; mais, malgré la forme avantageuse des mortiers, la trituration ne s'opère pas également sur toutes les parties : de-là la nécessité de multiplier les *rechanges* lorsqu'on veut fabriquer de la bonne poudre.

17°. L'extrême division et le mélange parfait sont moins nécessaires pour la poudre à canon que pour la poudre fine.

J'ai vu de la poudre à canon dont la trituration étoit si imparfaite, qu'on distinguoit à l'œil tous les principes constituans, et cependant elle portoit la bombe à cent quinze ou cent vingt toises, tandis que la poudre fine qui provenoit du même travail, donnoit des *portées* bien moins avantageuses.

De-là vient que la poudre fine fabriquée avec du soufre sublimé, *fleurs de soufre*, a donné des épreuves avantageuses, tandis que la poudre à canon s'est montrée de qualité très-médiocre.

18°. L'eau qu'on mêle à la *composition* a l'avantage non-seulement de s'opposer à la volatilisation des matières, mais elle sert en-

core à lier les parties, à donner de la consistance à la poudre, et à lui faire prendre
une couleur plus noire.

Lorsque la composition est foiblement humectée, la poudre est légère et poreuse ;
elle a même un coup-d'œil plus grisâtre que
lorsqu'elle a été mieux humectée.

Avant la Révolution, toute la poudre qui
se fabriquoit en France étoit fournie par la
trituration des trois matières dans des *bat-
teries à pilons*. Le méchanisme et le jeu de
ces pilons sont assez connus pour nous dispenser d'en donner la description : nous nous
bornerons à présenter une idée succincte des
principales opérations exécutées dans ces fabriques pour confectionner la poudre.

Les trois matières pesées ensemble dans la
proportion de treize liv. salpêtre de trois cuites, quatre liv. soufre, et trois liv. charbon, par
chaque mortier, pour la fabrication en poudre
de mine, et de quinze livres salpêtre. 3. C.
deux liv. huit onces soufre, et deux liv. huit
onces charbon, pour celle en poudre de guerre
et fine, et mises dans des vases qu'on nomme
boisseaux, sont portées au moulin et versées
dans les *mortiers :* cette opération commence
la

la journée ; elle est faite dans chaque moulin de dix mortiers , faisant deux cents livres de poudre , par deux ouvriers ; un des chefs ouvriers , nommé maître-garçon , qui a procédé à la composition , verse dans chacun des mortiers une quantité d'eau fixée au dixième du poids des matières qu'ils contiennent.

Les ouvriers *touillent* avec un bâton le mélange , pour l'imprégner d'une humidité égale qui empêche la volatilisation du soufre et du charbon , et pour faciliter la trituration. La forme cylindrique de la boîte du pilon et celle sphérique du mortier doivent être telles , qu'il soit toujours imprimé à la matière un mouvement du centre à la circonférence et de la circonférence au centre , pour que toutes les parties du mélange soient successivement soumises à l'action du pilon ; c'est ce qu'on nomme le *battage*. Cette opération forme l'amalgame des trois matières , et en fait une espèce de pâte par la trituration , qui , pour être complète , dure ordinairement vingt-une heures ; cependant ce temps peut varier en raison du mouvement plus ou moins accéléré des pilons , de leur poids et du nombre de changemens faits à la matière. Pour le battage en vingt-une heures , le terme moyen de la vîtesse des pilons est de cin-

Tome I. T

quante-cinq coups par minute, leurs poids est de quatre-vingt livres; ils s'élèvent et retombent de la hauteur d'un pied.

Rechanger la poudre, c'est transporter celle d'un mortier dans un autre; le but qu'on se propose dans cette opération est de détacher du fond des mortiers une portion de la matière qui est devenue concrète et adhérente, dans laquelle le mélange n'auroit pu se faire, et susceptible de prendre une assez grande dureté pour faire craindre son inflammation par le choc répété du pilon : cette partie de matière s'appelle *faux-cul*. Le rechange se fait d'heure en heure, pendant les trois premières heures où la matière se tourne difficilement, à cause de la grande humidité; et les suivans se font de trois heures en trois heures, jusqu'à la fin du battage.

Ce sont les mêmes ouvriers qui ont chargé les moulins, qui suivent, aux différentes heures, les opérations de rechange, le jour et la nuit. Les quatre maîtres-garçons ont soin d'entretenir, pendant tout ce temps, par des arrosages, à chaque rechange, l'humidité nécessaire à la pâte pour qu'elle conserve sa cohérence : il est aussi dangereux de la trop humecter que de la laisser trop sécher; dans le premier cas, elle ne se retourne pas, et reste fixée aux parois du mortier et du pilon : celui-ci , faisant son effet toujours à la même place , l'échauffe d'une manière dangereuse ; cet inconvénient est encore plus grand par l'excès de la sécheresse , car alors la matière étant trop atténuée , n'offre presque plus de résistance au pilon , et le laisse battre à fond en jaillissant hors des mortiers ; on dit alors que le *mortier souffle*. Dans cet état de choses, le moulin est bien prêt de sauter. Cependant , l'expérience prouve que le plus grand danger de ces sortes de machines existe au moment où l'on met les trois matières dans les mortiers , parce que s'il se trouve un corps étranger , tel qu'un caillou , un clou , &c. le choc d'une masse de quatre-vingt livres peut en faire jaillir une étincelle.

Tels sont les procédés pour préparer la matière de seize cents livres de poudre toutes les vingt-quatre heures , au moyen de seize ouvriers et quatre chefs : comme les opérations du moulin ne sont que successives, les mêmes ouvriers servent aux atteliers des *grainoir, époussetage,* &c. Lorsqu'on veut faire la même quantité en douze heures , on répète l'opération du rechange de demi-heure en demi-heure , et par conséquent il faut ce nombre d'ouvriers pour les douze heures de jour et

T 2

autant pour les douze heures de nuit, ce qui fait quarante hommes. Les autres opérations par lesquelles on conduit les matières à perfection, nécessitent au moins seize hommes, tant ouvriers que chefs ; de manière que pour faire trois mille deux cents livres de poudre par jour, on ne peut employer moins de cinquante-cinq à cinquante-six hommes, sans y comprendre le chef poudrier, les charpentiers, tonneliers et leurs chefs.

On peut aussi fabriquer avec les moulins à pilon la même quantité, par trois heures de battage, en employant les matières triturées et tamisées ; et comme alors on ne travaille pas la nuit, le même nombre d'ouvriers peut suffire.

Lorsque l'amalgame des trois substances constituantes de la poudre est regardée comme achevée, on la retire des mortiers en forme de pâte, et on la porte au grainoir.

Grainoir.

L'HUMIDITÉ que contient la pâte en sortant des moulins ne lui permet pas d'être grainée tout de suite ; n'ayant pas subi la même pression dans tous ses points, il ne s'y trouveroit que la partie dure du *faux-cul* propre à faire du grain, le reste se pulvériseroit sous le tourteau ; il faut donc la laisser deux ou trois jours dans le grainoir, pour en faire le plus de grains possible ; mais il arrive par-là que l'humidité surabondante de la matière en s'évaporant, entraîne le salpêtre à la surface de la masse, et détruit l'intimité du mélange : c'est une défectuosité du procédé des moulins à pilons qui nuit essentiellement à la qualité de la poudre.

On fait le grain en mettant de cette matière dans un crible en forme de tamis, dont les trous sont proportionnés au grain que l'on veut faire, et en la chargeant d'un tourteau de bois dur, de sept à huit pouces de diamètre sur deux pouces d'épaisseur, auquel on donne un mouvement de rotation, en faisant glisser le crible sur une barre placée horisontalement en travers d'une grande maïe; on a coutume de rompre la matière dans un crible, dont les trous ont trois lignes de diamètre, et que l'on appelle *guillaume* : cette opération la divise également, et la dispose à passer plus facilement dans les cribles destinés à former tous les genres de poudres. Il est facile de concevoir qu'au moyen de la variété des trous, l'on peut faire toutes les espèces de grain que l'on desire, tels que le

T 3

grain de guerre pour le canon , le grain à
mousquet , le grain fin pour la chasse , le
grain superfin pour les pistolets , &c. Ce qui
reste dans la maïe , après la séparation de tous
les grains , est du poussier qui se reporte au
moulin , et que l'on bat pendant deux ou trois
heures, après l'avoir légèrement humecté pour
le remettre en forme de pâte. Cette opération
peut se faire tous les jours , après la décharge
de la matière neuve , qui ne demande , comme
on l'a vu , que vingt-une heures. La poudre
de mine , qui ne diffère des autres que par
son dosage , emploie le même temps pour le
battage , et l'on se contente de la rompre dans
le guillaume et de la sécher : on y fait entrer une grande partie des balayures des
atteliers.

Séchoir.

L'HUMIDITÉ nécessaire pour la formation du
grain étant nuisible à l'inflammation de la poudre et à sa prompte détonation , on la sèche
en l'étendant , en plein air , sur des tables
recouvertes de toiles en forme de draps : on
la laisse exposée au soleil pendant les plus
beaux jours , au moins vingt-quatre heures:
et , lorsque le temps n'est pas favorable , on
l'étend , à diverses reprises , pendant plusieurs

jours. Dans l'un et dans l'autre cas , on la retourne et on la ratisse , plusieurs fois par jour , jusqu'à ce qu'elle soit entièrement sèche ; c'est encore ici où le procédé des moulins à pilons pourroit être regardé comme vicieux, puisqu'il introduit indispensablement dans la poudre une humidité nuisible à sa qualité , et contre laquelle il faut lutter si long-temps pour s'en défaire , sur - tout dans les saisons qui ne permettent pas de sécher tous les jours.

Lorsque la poudre de guerre est parfaitement sèche , il ne reste plus qu'à l'épousse-ter ; c'est-à-dire , à lui enlever le poussier qui s'est formé pendant le séchage.

Lissoir.

La poudre de chasse ne se sèche pas d'abord à fond ; on la laisse sur le séchoir pendant environ une demi - journée de beau temps, c'est ce qu'on appelle *issorer*, pour la dispo-ser au lissage qui se fait en en mettant environ cent cinquante livres dans des tonneaux de la grosseur d'un muid : ces tonneaux enfilés d'un axe autour duquel ils tournent par le moyen de l'eau , sont traversés de quatre barres parallèles à l'axe et espacées égalementment ; leur mouvement lent et continu , soumet le grain à un frottement qui en détruit les aspérités, et lui donne du lustre et une forme plus ronde.

On conçoit aisément comment on peut faire tourner les tonneaux du lissoir en les fixant sur le même arbre qui sert d'axe à une roue d'eau.

C'est lorsque la poudre de chasse est lissée qu'on l'étend jusqu'à ce qu'elle ait acquis, comme la poudre à canon, le dernier degré de siccité : comme ces grains se trouvent quelquefois mêlés de croûtes formées par les tonneaux du lissoir , on la passe dans le crible qui convient à la grosseur de son grain pour l'égaliser, et il ne reste plus qu'à l'épousseter.

Epoussetage et enfonçage.

On ôte le poussier de la poudre en l'agitant dans un tamis de crin ou dans un blutoir ; ce dernier instrument est moins propre à nettoyer la poudre que le tamis ; mais il économise les bras et le tems. C'est par cette dernière opération que la poudre se trouve perfectionnée ; on la pèse ensuite, et on l'enferme dans des barils garnis intérieurement de sacs de toile, pour retenir la poudre si le baril venoit à se défoncer, et pour défendre le grain d'un frottement dans les transports.

L'attelier où se font ces opérations est un corps de bâtiment isolé, d'environ soixante pieds sur vingt-quatre; l'époussetage en prend les deux tiers et est entouré de maïes : une cloison le sépare de l'enfonçage. L'attelier du grainoir est aussi un bâtiment isolé dans les mêmes dimensions, et entouré de maïes : les uns et les autres sont balayés très-souvent, et la matière qui provient de ces balayures est triée et lessivée. Les divers atteliers sont disposés, à quelque distance les uns des autres, en raison des opérations successives qui s'y font sur la poudre, jusqu'à son emmagasinement qui se fait dans un corps de bâtiment le plus isolé possible, à portée de déboucher sur une route ou une rivière, ou la mer. Ce magasin doit être planchéyé et parfaitement sec.

Telle étoit la méthode usitée dans toutes les fabriques de poudre avant la révolution; mais nos besoins en salpêtre ayant déterminé la Convention à adopter de grandes mesures pour assurer les approvisionnemens, elle a cru devoir s'occuper pareillement des moyens de remplacer les procédés connus pour la fabrication par des procédés plus expéditifs. Des savans ont été rassemblés pour concourir à ce vaste projet ; et, en quelques mois, on a vu verser dans les magasins de la République seize millions de salpêtre, et fabriquer trente - quatre milliers de poudre par jour dans le seul attelier de *Grenelle*.

La postérité croira à peine que la fabrication révolutionnaire du salpêtre se soit élevée à cinq cent cinquante milliers de salpêtre par décade, et que, par des procédés nouveaux, on ait fabriqué plus de deux millions d'excellente poudre dans un seul attelier, et dans l'espace de quelques mois. Nous augmenterons son étonnement, lorsque nous lui apprendrons que ces quantités de salpêtre n'ont rien de commun avec celle qui étoit versée dans les magasins de l'ancienne administration, et dont le total s'est élevé à plus de six millions dans le courant de l'année deuxième de la République, quoiqu'avant cette époque, le terme moyen du produit de la fabrication ne passât pas trois millions par an.

C'est sur-tout à *Carny* qu'on doit la découverte et l'application du *procédé révolutionnaire* pour la fabrication de la poudre : j'ai apporté quelques changemens avantageux

dans les détails des opérations , dans la préparation des matières , dans la construction
des tonneaux , &c. mais je m'honore de rendre à *Carny* l'hommage qu'il mérite : le premier il a proposé et exécuté cette méthode ;
et , depuis ce moment , on n'a pu y ajouter
que quelques degrés de perfection.

Les opérations de la fabrication de la poudre , par le procédé révolutionnaire , se réduisent, 1°. à broyer et à tamiser les matières
premières ; 2°. à en opérer le mélange et une
division plus parfaite dans des tonneaux par
le secours de petites boules de métal ; 3°. à
donner au mélange ou composition convenablement broyé , la consistance requise à
l'aide d'une presse ou d'une meule , et d'une
petite quantité d'eau.

La pulvérisation des matières s'exécute par
le moyen de deux meules verticales de métal de cloche , du poids de quatre à six
milliers chaque , qui tournent dans une auge
de même nature , et écrasent la matière qu'on
y met.

Le même méchanisme fait tourner quatre
blutoirs qui tamisent continuellement la matière qu'on tire de dessous les meules , et
ces substances , ainsi divisées et réduites en

une poussière presque impalpable, sont employées dans cet état à la fabrication de la poudre.

Il est nécessaire de porter le soufre à un degré de division extrême, et, à cet effet, les blutoirs qui sont employés au tamisage de cette substance, sont revêtus d'une soie très-fine.

Le salpêtre et le charbon n'exigent pas le même degré de finesse; ceux-ci peuvent être passés à travers des toiles de canevas un peu serrées.

Le salpêtre, pour être employé dans les travaux révolutionnaires de la poudre, demande d'être fortement desséché; en conséquence, on le met dans une étuve chauffée à quarante-cinq degrés du thermomètre de Réaumur; on l'étend sur des chassis, en ayant soin de lui faire présenter le plus de surface possible; on le remue souvent, et on ne le retire que lorsqu'il ressemble à du sable menu et fortement desséché.

Le danger des étuves, dans lesquelles on entretient sans interruption une chaleur de quarante-cinq à cinquante degrés et des matières très-inflammables, nous a porté à leur substituer des chaudières plates en cuivre, dans lesquelles on met une couche de salpêtre qu'on chauffe convenablement, et qu'on agite sans relâche jusqu'à ce qu'il soit parvenu au degré de siccité qu'on desire.

Le salpêtre obtenu par la méthode du raffinage révolutionnaire, se prête seul à ce procédé d'exsiccation, attendu qu'il est en très-petits crystaux.

Il est même besoin d'observer que lorsque l'exsiccation n'a pas divisé ou brisé le salpêtre au point de rompre et de pulvériser tous les crystaux, ce salpêtre s'humecte sous la meule par l'expression de son eau de crystallisation; et il est nécessaire alors de le dessécher de nouveau pour pouvoir l'employer avec avantage.

On peut moudre les trois matières dans des moulins à bled; mais nous devons prévenir que le soufre s'enflamme sous les meules à farine, et peut déterminer l'incendie du bâtiment.

Lorsque les matières premières ont été convenablement broyées, on les mêle dans les proportions requises, et on introduit la composition dans des tonneaux de trente-deux pouces de longueur sur vingt-deux de

largeur, pour en opérer le mélange et en terminer la trituration.

Ces tonneaux sont construits solidement
en bois de chêne bien épais, et on pratique
sur un de leurs fonds une ouverture d'environ six pouces en quarré, à laquelle on adapte
une porte pour faciliter la charge et la décharge des matières.

Ces tonneaux sont enfilés par un axe de
fer, recouvert de bois : cet axe, saillant aux
deux extrémités, repose sur un chevalet, et
peut tourner librement sur lui - même. Une
lanterne, portant vingt - deux fuseaux, est
adaptée à l'une des extrémités de l'axe, et
engraine dans une roue dentée horisontale de
dix-huit pieds de diamètre.

Cette roue dentée a deux cents seize dents,
et reçoit l'engrainage de dix-huit lanternes.

Chaque roue fait donc mouvoir dix - huit
tonneaux. Quatre chevaux sont employés à
cette opération, et tournent au rez-de-chaussée de l'endroit où sont disposés les tonneaux;
chaque tonneau reçoit soixante-quinze livres
de composition, et quatre - vingts livres de
boules de métal de cloche, du diamètre de
quatre lignes.

Chacun de ces tonneaux fait sur lui-même

de trente-cinq à quarante - cinq révolutions par minute.

La composition est suffisamment divisée après une heure et demie ou deux heures de mouvement.

On reconnoît que la composition est parvenue au degré de finesse desirable, lorsqu'on peut l'étendre avec une lame de cuivre sur une planchette de bois bien unie, sans qu'on distingue ni inégalité dans la couleur, ni résistance à la pression.

Les tonneaux qui ont servi aux premières opérations n'étoient pas construits comme ceux dont on se sert aujourd'hui : m'étant apperçu que les boules métalliques précédoient toujours la composition dans le mouvement de rotation imprimé au tonneau, je fis appliquer des liteaux de bois contre les parois intérieures des tonneaux ; ces liteaux sont au nombre de six dans chaque ; leur saillie est de quinze lignes, et leur largeur de douze à treize.

L'effet de ces liteaux a été si prodigieux, que l'on a obtenu par leur secours, en deux heures de temps, les effets qui n'étoient produits auparavant que par un travail de plusieurs jours.

Si les matières ne sont pas bien préparées,

la composition se pelote, se durcit ; il faut frapper à chaque instant pour la détacher des parois, et l'opération ne se termine qu'après un temps très-long.

Du moment que la composition est retirée du tonneau, il n'est question que de donner à cette poussière très-divisée la consistance requise pour pouvoir la grainer, et on y parvient à l'aide d'un peu d'eau et d'une forte compression.

A cet effet, on a des plateaux de bois de noyer, quarrés, longs de seize pouces et larges d'un pied ; on garnit les côtés de liteaux, saillans de cinq à six lignes et larges d'autant : on abat avec soin les angles intérieurs de ces liteaux de même que les bords de la partie inférieure des plateaux, pour que ces plateaux puissent commodément s'enchâsser ou pénétrer les uns dans les autres.

On commence donc par garnir le fond d'un des plateaux d'un canevas mouillé ; on met sur le canevas une couche de *poussier* de poudre ou *composition* : on recouvre cette couche d'un second canevas mouillé, et on adapte immédiatement dessus un second plateau qu'on charge de la même manière.

On

On en dispose de cette manière sur une civière, environ vingt-cinq l'un sur l'autre.

On recouvre le dernier plateau avec un quarré de bois, et on les soumet à la pression d'une forte presse.

Il se forme, par ce moyen, une galette dure qu'on brise à la main, qu'on laisse sécher pendant quelques heures, et qu'on soumet ensuite à l'opération du grainage.

Cette opération, connue sous le nom de *platelage* ou *galletage*, m'a toujours paru mesquine à côté des autres parties du procédé, et j'avois formé le projet de la remplacer par le secours d'une meule verticale qu'on feroit mouvoir dans une auge, et qui comprimeroit, par son poids, le *poussier de poudre* convenablement humecté : cette méthode ne présente aucun danger, donne une très-forte consistance à la galette, et est très-expéditive et très-économique : nous avons préparé, par ce procédé, quatre cents livres de poudre à Grenelle, en une seule opération et en quelques minutes. *Barthelemy* mêle, depuis long-tems, les matières, et donne de la consistance à la poudre par le moyen de deux petites meules qui tournent dans une auge de six pieds de diamètre.

Tome I.

V.

En adaptant ce nouveau moyen de former la galette, le procédé révolutionnaire mérite, à tous égards, la préférence sur l'ancien. Il nous suffira du simple rapprochement des deux méthodes pour nous en convaincre.

On doit considérer la fabrication de la poudre sous quatre rapports : *Qualité dans le produit, sûreté dans les moyens, promptitude dans l'exécution, économie dans les dépenses.*

1°. PROMPTITUDE DANS L'EXÉCUTION.

La promptitude dans l'exécution est un avantage bien précieux ; cette condition devient même nécessaire, sur-tout si on considère qu'il est plus convenable de faire des approvisionnemens en salpêtre qu'en poudre ; et que conséquemment il faut avoir à sa disposition des moyens capables de fournir promptement de la poudre pour les besoins de la République.

Nous avons vu, par expérience, que la marche lente de l'ancien procédé ne se prêtoit pas au mouvement de la révolution : l'établissement des poudreries à pilons est lent ; la fabrication de la poudre y est bornée : on a essayé d'abord d'y réduire le bat-

tage à douze heures ; et alors , au lieu d'o-
pérer le rechange de trois en trois heures,
on le fait de demi - heure en demi - heure :
par ce moyen , la poudre est à - peu - près
d'aussi bonne qualité que par le battage en
vingt-quatre heures ; mais le service en est
très-pénible , et il est difficile qu'on puisse,
pendant la nuit , soigner l'opération de manière à concilier la bonté de la fabrication
avec la sûreté des travaux.

On a encore proposé de faire la poudre
par le battage en trois heures , en employant
des matières précédemment pulvérisées :
mais , par ce procédé , la matière sort des
mortiers toute humide ; elle ne fournit que
quarante à cinquante pour cent de grain :
la poudre fabriquée se détériore très-aisément lorsqu'on ne peut pas la sécher. A
Essonne, où le battage en vingt-quatre heures
produisoit seize cents liv. par jour , le battage en trois heures n'a pas produit plus de
trois milliers effectifs.

La méthode révolutionnaire est , jusqu'ici,
la seule qui puisse répondre aux besoins pressans de la République ; une seule roue dentée fait mouvoir dix-huit tonneaux : chaque
tonneau peut recevoir quatre-vingts livres de

matière ; le mélange et la trituration sont faits
en moins de deux heures : ainsi , en supposant qu'on ne fasse mouvoir que neuf tonneaux à la fois , on pourra fabriquer quatre
mille trois cents vingt livres de poudre toutes les douze heures.

2°. ECONOMIE DANS LES DÉPENSES.

Une fabrique de quatre-vingts pilons , tra-
vaillant par le battage en douze heures , emploie les hommes suivans :

Chaque moulin , de vingt pilons , ne peut
être rechangé de demi - heure en demi-
heure , avec l'activité nécessaire , si on n'y
emploie quatre ouvriers , ce qui fait pour les
quatre-vingts pilons. . . . . 16 hommes.

Autant pour le travail de nuit. 16

Chef ouvrier à chaque moulin
pour le jour. 4

Idem, pour la nuit. 4

Pour le grainage et le séchage. 16

Pour épousseter la poudre par
le blutoir. 2

TOTAL. . . . . 58 hommes.

Pour conduire un attelier révolutionnaire, il faut cinq hommes pour l'attelier du broiement des matières. . . . . 5 hommes.

Deux hommes, un conducteur, et un chef-ouvrier pour le manège ou roue dentée. 4

Deux porteurs pour porter la matière à la roue à galette, la rapporter au grainoir. 2

Deux hommes, un conducteur, des chevaux, et un chef-ouvrier pour l'opération de la galette. . . 4

Pour grainage, séchage, époussetage. 18

TOTAL. 33

On a cru inutile de faire entrer dans le calcul les ouvriers constructeurs, les gardes, les garçons de magasin, les charretiers, les directeurs, parce que le nombre en est le même dans l'un et dans l'autre des deux procédés.

Seulement on doit observer qu'on a compris dans l'attelier révolutionnaire deux conducteurs de chevaux, qui deviendroient inutiles si les mouvemens s'exécutoient par eau.

La main-d'œuvre est donc infiniment moins coûteuse dans l'attelier révolutionnaire : les

V 3

frais d'établissement et l'entretien de l'attelier y sont moins considérables, puisqu'il n'y
est question que d'un manège à broyer les
matières premières, d'une méchanique à roue
dentée, et d'un second manège destiné à former la galette.

3°. Qualité de la poudre.

La force de la poudre (qu'on suppose fabriquée avec des matières de même nature et employées dans les mêmes proportions) dépend,
sur-tout, de l'exactitude du mélange, de la
perfection dans la division des élémens et de la
compression de la matière : or, par le procédé
révolutionnaire, ces qualités s'obtiennent bien
plus sûrement que par la méthode des pilons :
dans celle-ci, il n'y a que le *culot* qui soit
exactement battu ; le mélange n'est bien fait,
bien égal, que lorsqu'on multiplie les rechanges : tandis que par les tonneaux les matières
sont continuellement mélangées et broyées,
et on n'arrête le mouvement qu'après s'être
assuré que la poudre étendue sur une surface
lisse avec la lame d'un couteau, ne présente
plus de résistance à la pression, s'étend comme
du beurre, et ne laisse plus appercevoir séparément aucune des matières qui entrent dans
sa composition.

Un autre avantage de la méthode révolutionnaire, c'est qu'elle n'emploie que l'eau nécessaire pour donner à la poudre la consistance convenable, tandis que dans l'ancien procédé, on est forcé d'humecter le mélange au point d'arrêter la volatilisation par la chûte du pilon : non-seulement cette grande quantité d'eau rend le séchage de la poudre très-difficile, mais elle facilite la détérioration du grain, lorsqu'on est forcé de la garder pendant quelque temps à l'état de *poudre verte*.

Si, mettant de côté le raisonnement, nous consultons les épreuves faites avec les poudres de *Grenelle*, nous trouverons que lorsque la fabrication a été à sa perfection, lorsqu'on n'a pas voulu varier le dosage sans motif, la portée des poudres a été constamment entre cent vingt-une et cent quarante-une toises.

4°. Sureté dans les travaux.

La promptitude, l'économie, la qualité ne font rien, si ces avantages ne s'allient avec la sûreté dans les travaux; et nous pensons encore que l'ancien procédé ne peut pas disputer cet avantage au nouveau : ici se réveillent les souvenirs déchirans de l'affreuse journée du 14 fructidor. Ici on compte déjà le danger par le nombre de victimes qui ont péri à Grenelle : ici on condamne le procédé par les effets terribles de cette explosion. Mais qu'on considère que dix-huit cents hommes avoient été entassés sur un point ; que les bâtimens avoient été presque accolés l'un à l'autre ; que les constructeurs de tous états vivoient au milieu des poudriers ; que des charrettes et des chevaux circuloient sans cesse autour des atteliers sur des chemins pavés ; que l'explosion est partie d'un grainoir où l'on pratiquoit le procédé usité par-tout : qu'on considère que l'enclos n'étoit destiné que pour une fabrication de 4 à 5 milliers, et qu'on l'avoit portée à 30,000 liv. par jour ; que les besoins pressans de nos armées ne permettoient pas d'ajourner la fabrication ; que, sur dix-huit cents hommes employés, il n'en étoit pas deux qui eussent vu fabriquer de la poudre ; que tout étoit nouveau, directeurs, poudriers, machines : qu'on considère enfin, qu'en quelques mois le procédé a été proposé, exécuté, et qu'on a fabriqué 2,113,735 liv. de poudre. Qu'on compare les événemens survenus aux autres poudreries ; les chances étrangères au procédé, qui n'ont pas cessé de menacer cet établissement ; l'impossibilité d'exercer une police sévère sur dix-huit cents poudriers, réunis à six ou huit cents constructeurs , &c. et l'on sera étonné qu'il ne soit pas survenu plutôt des accidens. Est-il une seule poudrerie à pilons qui eût pu résister aussi long-temps? En est-il une qui ait fabriqué 2,000,000 liv. de poudre sans explosion ?

Profitons des leçons du passé , formons des atteliers où président les lumières et la prudence , et voyons quels sont les dangers dont nous menace la méthode révolutionnaire.

Les matières sont précédemment broyées, passées au tamis de soie , et réduites à un tel degré de division , que leur maniement entre les doigts ne présente aucun grain sensible; dans cet état de ténuité , l'agitation , le choc , ne tireroient pas une étincelle de cailloux broyés à ce degré de finesse. Ces matières pesées et mélangées , sont mises dans des tonneaux de bois , et roulées jusqu'à trituration exacte avec un poids égal de petites boules de métal de cloche ; il en résulte une légère chaleur , bien inférieure à celle qui pourroit déterminer l'inflammation ; le mouvement non - interrompu , imprimé à ce mélange, ne peut pas faire jaillir des étincelles, puisqu'aucune des matières n'en a la faculté.

Ces matières sont ensuite légèrement humectées et soumises à une pression graduée;

là , elles prennent la consistance nécessaire pour pouvoir être grainées : dans cette opération il n'existe encore aucun danger.

Le grainage et l'époussetage se pratiquent comme par le passé.

Si l'on rapproche à présent les dangers de l'ancienne méthode , on sentira que ces deux procédés ne peuvent pas être comparés.

La chûte non-interrompue d'un poids de quatre - vingts livres tombant de la hauteur de quatorze pouces sur des matières grossièrement concassées , est plus que suffisante pour faire jaillir des étincelles par la percussion des corps qui ont la faculté d'en donner : ces corps sont le fer , les silex qui peuvent exister dans le salpêtre , le soufre , le charbon ; ces corps sont les clavettes des arbres de levée qui peuvent tomber dans les mortiers , &c.

Aussi les *sauts de moulin* surviennent-ils ordinairement au commencement du battage.

L'expérience d'une longue suite d'années nous prouve que , sur dix-huit établissemens de poudreries existans sur le sol de la République , il saute trois moulins par année.

Il est donc hors de doute que la *méthode révolutionnaire* est préférable à la *méthode à pilons*. Mais pour perfectionner l'art de la fabrication de la poudre , il est encore ques-

tion de remplacer le procédé actuel du grainage par des opérations plus économiques ,
et c'est ce qu'on peut faire à l'aide de blutoirs garnis de peaux percées de trous de ca-
libre , dans lesquels on dispose des liteaux
saillans , semblables à ceux des tonneaux qui
sont employés pour le mélange ; on y met la
galette , avec une douzaine de boules métalliques du diamètre de douze à treize lignes.
Le mouvement de rotation imprimé au blutoir , précipite à chaque instant les boules
sur la galette qui en est brisée , et dont les
fragmens passent à travers les trous du blutoir.

Cette manière de grainer la poudre,exécutée
par mes soins à *Grenelle* , présente plusieurs
avantages : 1°. il fournit beaucoup plus de
grain : 2°. un blutoir mu par un seul homme
fait le même travail que dix ouvriers : 3°. il
ne se produit pas sensiblement de poussier ;
et il n'y a aucune déperdition de poudre ,
puisque le blutoir doit être enfermé dans une
caisse de bois.

Il seroit encore à desirer qu'on trouvât le
moyen de sécher la poudre en tout temps :
tout le monde sait que, lorsque la fabrication
se continue pendant l'hiver , les atteliers sont
bientôt encombrés de poudre , et l'on court

alors les risques inévitables par l'entassement de cette matière. Nous avons encore cherché à prévenir cet inconvénient, et je suis parvenu à faciliter l'exsication de la poudre, en renouvellant et agitant continuellement l'air d'un séchoir couvert, à l'aide des moulinets. Nous avons encore essayé de faire passer de l'air chaud dans les lieux où la poudre est mise à sécher : des poëles construits d'après les procédés de *Franklin*, peuvent servir à cet effet. Mais le danger de la proximité du feu, dans des opérations de cette nature, ne nous a pas permis de tenter en grand ces derniers moyens, quoique nous ayons conçu des constructions qui paroissent éloigner jusqu'à l'idée de tout danger.

ARTICLE II.

Nitrate de soude.

CE sel a reçu le nom de *nitre cubique*, par rapport à sa forme ; mais la dénomination n'est pas exacte, puisqu'il affecte une figure constamment rhomboïdale.

Il a une saveur fraîche amère.

Il attire un peu l'humidité de l'air.

L'eau froide, à 60 deg. therm. de *Far.* en dissout un tiers de son poids; l'eau chaude n'en dissout guère plus.

Il fuse sur les charbons ardens avec une couleur jaune, tandis que le nitre ordinaire donne une flamme blanche, suivant *Margraaf*, 24 *Dissert. sur le sel commun*, *page 343*, *tome II*.

Cent grains de ce sel contiennent 28,80 acide, 50,09 alkali, et 21,11 eau.

Il est presque toujours le produit de l'art.

ARTICLE III.

Nitrate d'ammoniaque.

LES vapeurs de l'ammoniaque mises en contact avec celles de l'acide nitreux, se combinent et forment un nuage blanc et épais qui se dépose difficilement.

Mais lorsqu'on unit directement l'acide à l'alkali, il en résulte un sel qui a une saveur fraîche, amère et urineuse.

Delisle prétend qu'il crystallise en belles aiguilles analogues à celles du sulfate de potasse : on ne peut obtenir les crystaux que par une évaporation très-lente.

Ce sel exposé au feu se liquéfie, exhale des vapeurs aqueuses, se dessèche et détonne. *Berthollet* a analysé tous les résultats de cette opération, et en a tiré une nouvelle preuve de la vérité des principes qu'il a reconnus à l'ammoniaque.

CHAPITRE IV.

De l'acide muriatique.

CET acide est généralement connu sous le nom d'*acide marin*, et on le connoît encore sous celui d'*esprit de sel* dans les atteliers.

Il est plus léger que les deux précédens : il a une odeur vive, piquante, approchant de celle du safran, mais infiniment plus forte ; il exhale des vapeurs blanches lorsqu'il est concentré ; il précipite l'argent de sa dissolution en un sel insoluble, &c.

Cet acide n'a pas été trouvé à nud ; et, pour l'obtenir dans cet état, il faut le dégager de ses combinaisons, et on emploie ordinairement le sel commun à cet usage.

L'esprit de sel du commerce s'obtient par un procédé peu différent de celui qui est usité pour extraire l'eau - forte ; mais comme cet acide adhère plus fortement à sa base, celui qu'on en retire est très-foible, et il n'y a qu'une partie du sel marin qui se décompose.

Les cailloux pulvérisés et mêlés avec ce sel n'en séparent point l'acide : dix livres de cailloux en poudre traités à un feu violent avec deux livres de sel , ne m'ont donné qu'une masse couleur de litharge : le phlegme n'étoit pas sensiblement acide.

L'argille qui a servi une fois à décomposer le sel marin , mêlée avec une nouvelle quantité de ce sel , n'en décompose pas un atome , même lorsqu'on humecte le mélange pour en faire une pâte : ces expériences ont été faites plusieurs fois à ma fabrique , et m'ont présenté constamment les mêmes résultats.

Le sulfate de fer qui dégage si facilement l'acide nitrique , ne décompose que très-imparfaitement le sel marin.

La mauvaise soude , qu'on appelle chez nous *blanquette* , et où l'analyse m'a démontré 21 livres de sel commun sur 25 , distillée avec l'acide sulfurique , ne fournit presque point d'acide muriatique , mais de l'acide sulfureux en abondance. *Bérard*, directeur de ma fabrique , attribua ces résultats au charbon contenu dans cette soude , lequel décomposoit l'acide sulfurique ; il calcina la blanquette en conséquence pour détruire le charbon , et alors il put la traiter comme le sel marin et avec le même succès.

L'acide sulfurique est celui qu'on emploie ordinairement pour décomposer le sel marin : ma manière de procéder consiste à dessécher le sel marin, à le piler et à le mettre dans une cornue tubulée qu'on place sur un bain de sable ; à la cornue on adapte un récipient, puis deux flacons, dans lesquels je distribue un poids d'eau distillée égal à celui du sel marin employé ; on lutte les jointures des vaisseaux avec la plus grande précaution ; et, lorsque l'appareil est dressé, on verse par la tubulure une quantité d'acide sulfurique qui fait la moitié du poids du sel, il s'excite dans le moment un bouillonnement considérable ; lorsque cette effervescence est appaisée, on chauffe graduellement la cornue, et l'on porte le mélange à l'ébullition.

L'acide se dégage à l'état de gaz, et se mêle à l'eau avec avidité et chaleur notable.

L'eau du premier flacon est, pour l'ordinaire, saturée de ce gaz acide, et forme un acide très concentré et fumant ; celle du second est plus foible, mais on peut la porter au degré qu'on desire en l'imprégnant d'une nouvelle quantité de ce gaz.

Les anciens chymistes ont été partagés sur la nature de l'acide muriatique ; *Becher* a cru que c'étoit l'acide sulfurique modifié par la terre mercurielle.

Cet acide est susceptible de se combiner avec une nouvelle dose d'oxigène ; et, ce qui est bien extraordinaire,

extraordinaire, c'est que par cette nouvelle quantité il devient plus volatil, tandis que les autres acides paroissent acquérir plus de fixité dans ces circonstances ; on diroit même que, dans ce cas, ses vertus acides s'affoiblissent, puisque son affinité avec les alkalis diminue, et qu'il détruit les couleurs végétales bleues.

Un autre phénomène non moins intéressant que nous présente cette nouvelle combinaison, c'est que l'acide muriatique s'empare de l'oxigène avec avidité, et que néanmoins il contracte une si foible union avec lui, qu'il le cède à presque tous les corps, et que la seule lumière peut le dégager.

C'est à *Scheele* que nous devons la découverte de l'acide muriatique oxigéné : il la fit, en 1774, en employant l'acide muriatique comme dissolvant du maganèse : il s'apperçut qu'il se dégageoit un gaz qui avoit l'odeur distinctive de l'*eau régale* ; il crut que, dans ce cas, l'acide muriatique abandonnoit son *phlogistique* au manganèse, et il l'appella *acide marin déphlogistiqué*. Il observa les principales propriétés vraiment étonnantes de ce nouvel être. Après lui, tous les chymistes ont cru devoir s'occuper d'une substance qui présentoit une nouvelle manière d'être des corps.

Pour extraire cet acide, je place un gros alam-

Tome I. X

bic de verre d'une seule pièce sur un bain de sable ; à cet alambic j'adapte un petit ballon, et à ce ballon trois ou quatre flacons presque pleins d'eau distillée, et rangés à la manière de *Woulf;* je dispose le ballon et les flacons dans une cuve, je lutte les jointures avec le lut gras et l'assujettis avec des linges imbibés de lut de chaux et de blanc d'œuf ; j'entoure les flacons de glace pilée. Lorsque l'appareil est ainsi disposé, j'introduis dans l'alambic demi - livre de manganèse des Cévennes, et verse dessus, à diverses reprises, trois livres d'acide muriatique fumant; je verse cet acide de trois en trois onces, il s'excite à chaque fois une effervescence notable, et je n'en verse une nouvelle quantité que lorsqu'il ne passe plus rien. Lorsqu'on veut opérer sur une certaine quantité, on ne peut pas agir différemment; car si on verse à la fois une trop grande quantité d'acide, on ne peut pas se rendre maître des vapeurs, et l'effervescence fait passer le manganèse dans le récipient. Les vapeurs qui se développent par l'affusion de l'acide muriatique, sont d'un jaune verdâtre ; elles se combinent avec l'eau et lui communiquent cette couleur; lorsqu'on les concentre par la glace et que l'eau en est saturée, elles forment une écume à la surface qui se précipite dans le liquide et ressemble à de l'huile figée. Il est nécessaire d'aider l'action de l'acide muriatique par le secours d'une chaleur modérée qu'on communique au bain de sable ; il est essentiel de bien lutter les vaisseaux, car la vapeur qui s'échappe est suffoquante et ne permet pas au chymiste de veiller de près à son opération. On peut reconnoître aisément l'endroit par où perdent les luts, en promenant dessus une plume trempée dans l'ammoniaque ; la combinaison de ces vapeurs forme dans le moment un nuage blanc qui dénote l'endroit par où la vapeur s'échappe. On peut consulter sur l'acide muriatique oxigéné, un excellent mémoire de *Berthollet*, publié dans les *Annales chymiques.*

On peut obtenir le même acide muriatique oxigéné, en distillant dans un appareil semblable, un mélange de dix livres de sel marin, trois à quatre livres de manganèse et dix livres acide sulfurique.

Reboul a observé que l'état concret de cet acide est une crystallisation de l'acide qui a lieu à trois degrés au-dessus de la glace : les formes qu'il lui a reconnues sont celles d'un prisme quadrangulaire tronqué très-obliquement et terminé par un lozange ; il a aussi observé, sur la surface de la liqueur, des pyramides hexaèdres creuses.

Depuis qu'on a appliqué l'acide muriatique

X 2

oxigéné au blanchissage, on a simplifié l'art de l'extraire : on le distille dans des cornues de plomb, on le fait passer dans de l'eau de chaux ou des liqueurs alkalines, tant pour détruire l'odeur que pour conserver et transporter la liqueur sans aucune perte, &c.

Lorsqu'on reçoit l'acide muriatique oxigéné à travers une dissolution d'alkali, il se forme d'abord un précipité blanc dans la liqueur ; mais peu après le dépôt diminue, et il s'en dégage des bulles qui ne sont que de l'acide carbonique ; dans ce cas, il se forme du muriate oxigéné et du muriate ordinaire ; la seule impression de la lumière suffit pour décomposer le premier et le convertir en sel commun : cette lessive contient, à la vérité, l'acide oxigéné dans une plus forte proportion ; l'odeur exécrable de cet acide est fortement châtrée, on peut l'employer aux divers usages avec le même succès et avec beaucoup plus d'aisance ; mais l'effet ne répond pas, à beaucoup près, à la quantité d'acide oxigéné qui entre dans cette combinaison, parce que la vertu d'une grande partie est détruite par son union à la base alkaline.

L'acide muriatique oxigéné a une odeur des plus fortes ; elle porte une impression directe sur le gosier qu'elle resserre, excite la toux, et détermine un violent mal de tête.

La saveur en est âpre et amère. Cet acide détruit promptement la couleur de la teinture de tournesol ; mais il paroît que la propriété qu'ont la plupart des substances oxigénées de rougir les couleurs bleues, ne provient que de la combinaison de l'oxigène avec les principes *colorans* ; et lorsque cette combinaison est très-forte et rapide, alors la couleur est détruite.

Le gaz muriatique oxigéné dont on sature une dissolution de potasse, fournit, par l'évaporation, dans des vaisseaux à l'abri de la lumière, du muriate et du muriate oxigéné ; ce dernier détonne sur le charbon, se dissout plus dans l'eau chaude que dans l'eau froide ; il crystallise quelquefois en lames hexaèdres, et plus souvent en lames rhomboïdales ; ces crystaux sont d'un brillant argentin comme le mica ; ils ont une saveur fade, et produisent, en se fondant dans la bouche, un sentiment de fraîcheur qui ressemble à celle du nitre.

Berthollet s'est assuré, par des expériences délicates, que l'acide muriatique oxigéné qui existe dans le muriate oxigéné de potasse, contenoit plus d'oxigène qu'un pareil poids d'acide muriatique oxigéné délayé dans l'eau ; ce qui l'a porté à regarder l'acide oxigéné combiné dans le muriate comme sur-oxigéné. Il regarde le gaz acide muriatique, par rapport au gaz acide muriati-

X 3

que oxigéné, comme le gaz nitreux ou le gaz sulfureux par rapport aux acides nitrique et sulfurique ; il prétend que la production du muriate simple et du muriate oxigéné, dans la même opération, peut être comparée à l'action de l'acide nitrique qui, dans beaucoup de cas, produit du nitrate et du gaz nitreux : de-là il vient à considérer l'acide muriatique comme un pur radical qui, combiné avec plus ou moins d'oxigène, forme le gaz acide muriatique simple, ou le gaz acide muriatique oxigéné.

Les muriates oxigénés de soude ne diffèrent de ceux de potasse, qu'en ce qu'ils sont déliquescens et solubles dans l'alkool, comme tous les sels de cette nature.

Le muriate oxigéné de potasse donne son oxigène à la lumière, et par la distillation lorsque le vaisseau est chauffé au rouge.

100 grains de ce sel ont donné 75 pouces cubes de gaz oxigéné ramené à la température de 12 degrés de *Réaumur :* cet air est plus pur que les autres, et on peut l'employer pour des expériences délicates. Le muriate oxigéné de potasse crystallise, ne trouble point les dissolutions de nitrate de plomb, d'argent ni de mercure.

Berthollet a fabriqué de la poudre, en substituant au salpêtre le muriate oxigéné ; elle a produit des effets plus terribles ; mais la fabrication en est très - dangereuse. L'expérience en grand qu'on a tentée à Essonne n'est que trop connue par la mort de *Le Tors* et de la citoyenne *Chevrand;* cette poudre fit explosion dans le moment qu'on trituroit le mélange.

L'acide muriatique oxigéné blanchit la toile et le coton : à cet effet on passe le coton dans une lessive foiblement alkaline , puis on tord l'étoffe , et on la fait tremper dans l'acide oxigéné ; on a l'attention de remuer l'étoffe et de la tordre , on la lave ensuite à grande eau pour enlever l'odeur dont elle est imprégnée.

J'ai appliqué cette propriété reconnue au blanchissage du papier et des vieilles estampes : on leur donne , par ce moyen , une blancheur qu'elles n'ont jamais eue. L'encre ordinaire disparoît par l'action de cet acide ; mais celle d'imprimeur est inattaquable , de même que l'encre de la Chine.

On peut blanchir la toile , le coton et le papier , à la vapeur de cet acide ; j'ai fait à ce sujet quelques expériences en grand qui m'ont convaincu de la possibilité d'appliquer ce moyen aux arts. Le Mémoire dans lequel j'ai détaillé ces expériences est imprimé dans le volume de l'Académie de Paris , pour l'année 1787.

Le gaz acide muriatique oxigéné épaissit les huiles, et oxide les métaux à tel point , qu'on peut employer ce procédé avec avantage pour former du *verdet*.

L'acide muriatique oxigéné dissout les métaux sans effervescence, parce que son oxigène suffit pour les oxider, sans qu'il soit besoin de la décomposition de l'eau, et conséquemment sans dégagement de gaz.

Cet acide précipite le mercure de ses dissolutions, et le met à l'état de *sublimé corrosif.*

Il convertit le soufre en acide sulfurique ; il décolore dans le moment l'acide sulfurique très-noir.

Mêlé avec le gaz nitreux, il passe à l'état d'acide muriatique, et convertit une partie de ce gaz en acide nitrique.

Exposé à la lumière il fournit du gaz oxigène, et l'acide muriatique est régénéré.

L'acide muriatique n'agit si efficacement sur les oxides métalliques qu'en s'oxigénant ; et, dans ce cas, il forme avec eux des sels qui sont plus ou moins oxigénés.

ARTICLE PREMIER.

Muriate de potasse.

CE sel est encore connu sous le nom de *sel fébrifuge de Sylvius.*

Il a une saveur amère, désagréable et forte.

Il crystallise en cubes, ou en prismes tétraèdres.

Il décrépite sur les charbons ; et lorsqu'on le pousse à un feu violent, il se fond et se volatilise sans se décomposer.

Il exige trois fois son poids d'eau, à la température de 60 degr. ther. *Far.* pour être dissous.

Il est peu altérable à l'air.

100 grains de ce sel contiennent 29,68 acide, 63,47 alkali, et 6,85 eau.

On rencontre ce sel fréquemment, mais en petite quantité, dans l'eau de la mer, les plâtras, les cendres de tabac, &c. L'existence de ce sel dans les cendres de tabac a dû d'autant plus me surprendre, que je devois m'attendre à y trouver du muriate de soude, puisqu'on l'emplóie dans cette opération qu'on appelle la *mouillade*. Je pense que dans ce cas la potasse naturelle à la plante, déplace la soude et forme du muriate de potasse.

A R T I C L E I I.

Muriate de soude.

LES mots reçus de *sel marin* , de *sel commun*, de *sel de cuisine* , désignent la combinaison de l'acide muriatique avec la soude.

Ce sel a une saveur piquante , mais point amère ; il décrépite sur les charbons , se fond et se volatilise à un feu de verrerie sans se décomposer.

2,5 son poids d'eau , à 60 deg. ther. *Far.* le dissolvent.

100 parties de ce sel contiennent 33,3 acide , 50 alkali , 16,7 eau.

Il crystallise en cubes. *Gmelin* nous a appris que le sel des lacs salans des environs de *Sellian* , sur les bords de la mer Caspienne , forme des crystaux cubiques et des rhombes.

De Lisle observe qu'une dissolution de sel marin abandonnée à l'évaporation insensible pendant cinq ans , chez *Rouelle* , avoit formé des crystaux octaèdres réguliers comme ceux d'alun.

On peut obtenir le sel marin en octaèdres , en versant de l'urine fraîche dans une dissolution de sel marin très-pur. *Berniard* s'est convaincu que cette addition ne faisoit que changer la forme sans altérer la nature du sel.

Ce sel est natif dans bien des endroits : la Catalogne, la Calabre, la Suisse, la Hongrie, le Tirol, en ont des mines plus ou moins abondantes. Les plus riches mines de sel sont celles de *Wieliczka* en Pologne : *Berniard* nous en a donné la description dans les Journaux de physique ; et *Macquart*, dans ses Essais de minéralogie, a ajouté des détails intéressans sur l'exploitation de cette mine.

Nos fontaines d'eau salée de la Lorraine et de la Franche-Comté, et quelques indices fournis par *Bleton*, ont paru des motifs suffisans à *Thouvenel*, pour faire présumer l'existence de mines de sel dans notre République. Voici de quelle manière s'exprime ce chymiste.

« A deux lieues de Saverne, entre le village
» de Huctenhausen et celui de Garbourg, dans
» une haute montagne dite Pensenperch, existent
» deux grands réservoirs d'eau salée, l'un au
» levant, à l'origine d'une grande vallée profonde
» et étroite, qu'on appelle grand Limerthaal,
» l'autre au couchant sur la pente opposée
» vers Garbourg ; ils communiquent entre eux
» par cinq rameaux qui se détachent du réser-
» voir d'en haut, viennent se réunir à celui
» d'en bas : de ces deux bassins de salaison
» partent deux grands écoulemens d'eau ; le su-
» périeur se porte en Franche-Comté, l'inférieur

» en Lorraine, où ils fournissent aux salines con-
» nues ».

Les eaux iroient donc jaillir à soixante et dix
lieues du réservoir !

Les mines de sel paroissent devoir leur origine au desséchement de vastes lacs : la présence
des coquilles et des madrépores dans les mines
immenses de Pologne, annonce les dépôts marins.
Il est d'ailleurs quelques mers où le sel est si abondant, qu'il se dépose au fond de l'eau, comme il
conste d'après l'analyse de l'eau du lac Asphaltite
faite par *Macquer* et *Sage*.

Ce sel natif est souvent coloré ; et, comme
dans cet état il est assez brillant, on l'appelle *sel
gemme* ; c'est presque toujours un oxide de fer
qui le colore.

Comme ces mines de sel ne sont, ni assez
abondantes pour fournir aux besoins de tous,
ni assez également distribuées pour permettre à
tous les peuples de notre globe d'y avoir recours, on a été obligé d'extraire le sel de l'eau
de la mer. La mer n'en contient pas une égale quantité sous tous les climats : *Ingenhousz* nous a appris que celles du Nord en contiennent moins que
celles du Midi. Le sel marin est si abondant en
Egypte, qu'au rapport d'*Hasselquist* une source
d'eau douce est un trésor dont le secret ne se
transmet que de père en fils.

La manière d'extraire le sel de la mer, varie selon les climats.

1°. Dans les provinces du nord on lave les sables salés des bords de la mer avec le moins d'eau possible, et on obtient le sel par évaporation. Voyez la description de ce procédé par *Guettard*.

2°. Dans les pays très-froids, on concentre l'eau par la gélée, et on évapore le reste par le feu. Voyez *Vallerius*.

3°. Dans les fontaines d'eau salée de la Lorraine et de la Franche-Comté, on élève l'eau, et on la précipite sur des fagots d'épines qui la divisent et la font évaporer en partie; on finit de la rapprocher dans des chaudières.

4°. Dans les provinces du midi, à Peccais, à Peyrat, à Cette, &c. on commence par séparer et isoler, de la masse générale, une certaine quantité d'eau qui séjourne dans des espaces quarrés qu'on appelle *partenemens* : il suffit pour cela d'avoir des *martelières* qu'on puisse ouvrir et fermer à volonté, et de former des murs d'enceinte qui ne permettent communication avec l'eau de la mer que par le moyen de ces portes. C'est dans les partenemens que l'eau reçoit une première évaporation; on la fait passer ensuite dans d'autres endroits également clos, où elle continue à s'évaporer; et, lorsqu'elle commence à déposer, on l'élève par des puits à roue sur des quarrés qu'on apelle *tables*, et là se termine l'évaporation.

Le sel est mis en tas pour former les *camelles*, et on le laisse en cet état pendant trois ans, pour que les sels déliquescens s'écoulent ; et, après cet intervalle de temps, on le distribue dans le commerce.

On cherche, depuis long-temps, des moyens économiques pour décomposer le sel marin, et en tirer à bas prix l'alkali minéral, qui est d'un si grand usage dans les savonneries, les verreries, les blanchisseries, &c. Les procédés connus jusqu'à ce jour sont les suivans.

1°. L'acide nitrique dégage l'acide muriatique, et forme du nitrate de soude qu'on peut aisément décomposer par la détonnation.

2°. La potasse déplace la soude, même à froid, d'après mes expériences.

3°. L'acide sulfurique forme du sulfate de soude en décomposant le sel marin ; le nouveau sel, traité avec les charbons et la chaux, se réduit en un sulfure de soude dont l'odeur se dissipe avec peine. Ce procédé ne m'a pas paru économique. On peut aussi décomposer le sulfate par l'acétite de barite ou de plomb, et obtenir ensuite la soude par la calcination de l'acétite de soude.

4°. *Margraaf* a tenté vainement la chaux, la serpentine, l'argile, le fer, &c. Il ajoute que si on jette du sel commun sur du plomb chauffé au rouge, le sel est décomposé, et qu'il se forme du muriate de plomb.

5°. *Scheele* a indiqué les oxides de plomb. Si on mêle le sel commun avec de la litharge, et qu'on en fasse une pâte, la litharge perd peu à peu sa couleur, il en résulte une matière blanche, et on peut extraire la soude par des lotions. C'est par des procédés semblables que *Turner* l'extrait en Angleterre; mais cette décomposition ne m'a jamais paru complète, à moins d'employer la litharge dans une proportion quadruple de celle du sel. J'ai observé que presque tous les corps pouvoient alkaliser le sel marin, mais que la décomposition absolue étoit très-difficile.

6°. La barite le décompose aussi, d'après les expériences de *Bergmann*.

7°. On peut encore employer les acides végétaux combinés avec le plomb pour décomposer le sel marin : en mêlant ces sels, il y a décomposition; le muriate de plomb se précipite, et l'acide végétal uni à la soude reste en dissolution; on évapore, on calcine; l'acide végétal se dissipe et l'alkali reste à nud.

Le sel marin est sur-tout employé sur nos tables et dans nos cuisines; il relève et corrige la fadeur de nos alimens, en même temps qu'il en facilite la digestion.

On s'en sert à haute dose pour préserver les viandes de la putréfaction, mais à petite dose il la provoque, d'après les expériences de *Pringle*, *Macbride*, *Gardane*, &c.

Les usages domestiques de la soude et l'emploi qu'on en fait dans les arts, faisoient desirer, depuis long-temps, de trouver un moyen facile et économique de l'extraire du sel marin qui la contient en abondance. Le comité de Salut Public a fait un appel à tous ceux qui possédoient des procédés, et a nommé *Darcet*, *Pelletier* et *Lelièvre*, pour rassembler, analyser et vérifier tous les faits. *Voyez* le Précis des observations qu'ils ont publiées.

1°. *Leblanc*, *Dizé* et *Shée*, avoient fait à Franciade un établissement dont le procédé a été constaté avec beaucoup de soin.

Ce procédé consiste à décomposer le muriate de soude par l'intermède de l'acide sulfurique, à décomposer ensuite le sulfate de soude qui résulte de la première opération en chassant l'acide sulfurique, de manière que la soude demeure libre ou plutôt combinée avec l'acide carbonique. La décomposition du sel marin par l'acide sulfurique se fait dans des fourneaux, construits de manière qu'on peut à volonté retirer l'acide muriatique

qui

qui se dégage, le laisser s'exhaler en vapeurs, ou le convertir immédiatement en muriate d'ammoniaque, ou sel ammoniac.

Quand on veut retenir l'acide muriatique, on le reçoit dans une chambre de plomb, dans laquelle on peut former immédiatement du sel ammoniac, en y faisant arriver des vapeurs d'ammoniaque.

On fait passer le résidu de la première calcination dans un fourneau, où il reçoit un plus grand degré de chaleur pour achever la décomposition.

On écrase le résidu de la seconde opération dans un moulin à manchon, et l'on mêle, dans ce même moulin, à mille livres du sulfate de soude qu'on vient de former, mille livres de craie de Meudon lavée, et six cent cinquante livres de charbon : on commence le mélange par le charbon, ensuite l'on introduit la craie.

Le mélange, fait et pulvérisé, est porté dans un fourneau à réverbère qui doit être rouge, et dans lequel on le calcine en le remuant fréquemment avec un rable de fer.

On retire ensuite la matière du four ; elle tombe sous la forme d'une pâte molle, terreuse et embrasée ; elle se durcit en se refroidissant : on la brise ; on la porte dans un magasin un peu humide : là, elle se délite et tombe en poussière, à l'aide de l'acide carbonique qu'elle absorbe.

Tome I. Y

On peut employer la soude dans cet état, ou bien en séparer les matières étrangères, par la lixiviation et la crystallisation. On retire alors soixante-six livres de crystaux de soude de cent livres de matière brute.

2°. *Alban* se sert du sulfate de soude qu'il obtient des résidus de l'acide muriatique oxigéné qu'il prépare pour les blanchisseries.

Il calcine deux cents livres de sulfate de soude avec quarante livres de charbon pulvérisé, soixante-cinq livres de rognures de fer blanc, de tôle et autres fragmens de fer, vingt-deux livres de charbon en état de braise. Il introduit d'abord dans le fourneau à réverbère le sulfate de soude avec quarante livres de charbon en poudre; une heure après, il ajoute quarante livres de fer : la matière prend de la consistance; alors il y jette seize livres de braise de charbon : il brasse, et lorsque le fer paroît entièrement dissous, il introduit le reste du fer et de la braise; enfin, lorsque le mélange est dans un état de fusion parfaite, il le retire en le faisant couler.

La soude qu'on obtient par ce procédé est d'abord noirâtre; elle se délite à l'air, et acquiert un poids considérable. Cent livres ont donné, par la lixiviation et la crystallisation, soixante-onze livres quatre onces de soude crystallisée.

Ce procedé est le même que celui que proposa *Malherbe*, en 1777, au Gouvernement.

Athenas a substitué le sulfate de fer à l'acide sulfurique.

3°. Dans la fabrique de produits chymiques que j'ai établie à Montpellier, on exécute depuis long-temps le procédé suivant : on mêle quatre parties de litharge bien tamisée avec une dissolution d'une partie de muriate de soude dans quatre parties d'eau, qu'on ajoute successivement ; on laisse le tout en repos pendant quelques heures ; on agite ensuite fréquemment le mélange, en y ajoutant de la dissolution de muriate jusqu'à ce qu'elle soit épuisée.

L'opération dure vingt-quatre heures ; on ajoute de l'eau bouillante ; on filtre ensuite la liqueur qui contient la soude caustique, qu'on fait évaporer pour l'avoir sous forme sèche.

On obtient d'un quintal de sel marin et de quatre quintaux de litharge, soixante-quinze livres de soude caustique, qui contient un peu de muriate de plomb et de muriate de soude qu'on peut séparer par des opérations subséquentes. Cette soude, exposée pendant quelque temps à l'air, perd sa causticité en se combinant avec l'acide carbonique.

Le muriate de plomb qui se forme dans cette opération, prend une belle couleur jaune par la calcination.

On peut en retirer le plomb, soit en le pro-
jettant à travers des charbons ardens, soit en le
traitant avec le quart de son poids de charbon,
de tartre ou de lie de vin desséchée.

On peut aussi le décomposer par le moyen
de l'acide sulfurique, et former un sulfate de
plomb très-blanc, et plus léger que le blanc de
plomb ordinaire : on peut séparer aussi l'oxide de
plomb, par le moyen de l'alkali.

Ce procédé peut être avantageux dans le voisinage des mines de plomb et dans celui des verreries.

4°. *Guyton* et *Carny* ont proposé et exécuté
les procédés suivans : le plus avantageux consiste
à éteindre la chaux vive dans l'eau, à ajouter
ensuite une dissolution de sel marin. On fait
du mélange une pâte qu'on expose dans un lieu
bas un peu humide, et où l'air ne se renouvelle que
foiblement. La surface se couvre d'une efflorescence de carbonate de soude. On a l'attention de
lever ces couches à mesure qu'elles se forment ;
et quand enfin la chaux est épuisée, on peut la
recalciner de nouveau, et répéter successivement
la même opération.

C'est indubitablement à l'action de la chaux
sur le sel marin, que sont dues les efflorescences
de soude qu'on a observées sur plusieurs murs.

Carny décompose le muriate de soude par le

moyen de l'oxide rouge de plomb. Il prend cinquante livres d'oxide de plomb et quarante
livres de sel marin , qu'il met dans une chaudière
de fer sur le feu ; il brasse le mélange pendant
que le sel décrépite. Lorsque la décrépitation a
cessé , il verse un peu d'eau sur le mélange qui
se gonfle et devient pâteux ; il continue de bras-
ser et de verser de l'eau , jusqu'à ce que l'oxide
soit blanc dans toutes ses parties , et que l'eau
domine environ d'un pouce sur la masse ; alors
il cesse le feu ; il jette le mélange dans une chaudière de plomb , dans laquelle il a mis environ
cent livres d'eau bien chaude ; il brasse de nouveau ; il laisse déposer pendant dix minutes ; il
tire la liqueur à clair ; il la fait évaporer jusqu'à
pellicule , et la laisse reposer pendant trois ou
quatre jours ; le muriate de soude , qui ne s'est
pas décomposé , crystallise ; on le sépare, et l'on
fait évaporer jusqu'à siccité la soude qui est
dans l'état caustique , et qui contient un peu
d'oxide de plomb , qu'on peut ensuite en séparer , en la laissant exposée à l'air , où elle prend
de l'acide carbonique.

Un troisième procédé consiste à fondre parties égales de feld-spath et de sel marin , qu'on
stratifie avec trois fois autant de soude : on obtient par la lessive une augmentation de soude.

Dans un quatrième procédé , on décompose

Y 3

le sel marin par la potasse ; la soude devient libre ; on la rend caustique par la chaux, afin de la mieux séparer du muriate de potasse qui s'est formé.

Un cinquième procédé consiste à retirer l'acide pyroligneux des bois et particulièrement de celui de hêtre ; à faire digérer cet acide sur de la litharge ; à mêler la dissolution qui en résulte, avec une solution de sel marin. Le plomb quitte l'acide pyroligneux, et se combine avec l'acide muriatique. Le muriate de plomb se précipite ; on évapore à siccité le pyrolignite de soude qui s'est formé et qui surnage ; on le brûle ; on lessive la matière charbonneuse, et l'on obtient un carbonate de soude blanc et bien crystallisé.

Dans un sixième procédé, on réduit le sulfate de barite en sulfure ; on décompose ce sulfure par l'acide pyroligneux ; on mêle ensuite le pyrolignite de barite avec du muriate de soude ; il se fait un échange des bases : on évapore, et l'on calcine le pyrolignite de soude.

5°. *Ribaucourt* a proposé plusieurs moyens qui se réduisent aux procédés déjà décrits : cependant il s'y trouve quelques différences qui méritent d'être remarquées.

Il réduit en soude le sulfate de soude qu'il mêle avec un quart de poussier de charbon, en calcinant le mélange et en l'amenant par degrés à l'état de fusion ; mais l'opération est difficile à conduire de manière à dissiper le plus de soufre qu'il est possible , et à empêcher que le sulfure de soude ne se convertisse en sulfate ; de sorte qu'il a fini par adopter l'addition du fer pour absorber le soufre.

Il a aussi décomposé le muriate de soude avec la litharge ; et ce qui distingue son procédé de celui qui est usité dans ma fabrique , c'est qu'il emploie la litharge et le sel marin à parties égales , et qu'il se sert de la presse pour exprimer la dissolution de soude.

Pelletier , *Darcet* et *Lelièvre* , considérant la grande utilité dont étoit le sulfate de fer pour produire avec le sel marin le sulfate de soude, qui sert ensuite à l'extraction de la soude , ont tenté des expériences pour s'assurer si la pyrite elle-même ne pourroit pas remplir le même objet , en épargnant les frais et les longueurs des opérations par lesquelles on convertit la pyrite en sulfate de fer ; et leurs expériences ont eu un succès complet.

Ils ont calciné un mélange de pyrite et de sel marin , et ils ont obtenu quarante-cinq livres de sulfate de soude, à raison de cent livres de pyrites et de quarante livres de muriate de soude. Ils ont mêlé ensemble dix livres de pyrite martiale , trente-deux livres de charbon de terre ,

pilé grossièrement; ils ont pétri le mélange avec
une dissolution de six livres de sel marin. Ce
mélange, réduit en boules, a été brûlé sur la
grille d'un fourneau à réverbère, et les cendres
ont donné six livres de sulfate de soude.

La même expérience a eu un succès égal avec
la tourbe.

Il s'exhale dans ces dernières opérations du muriate d'ammoniaque qu'on pourroit retenir dans
une chambre placée au dessus du fourneau; mais
il est mêlé avec du sulfate d'ammoniaque.

Le procédé par l'intermède de la craie paroît
celui qui peut être le plus généralement adopté;
parce que cette matière première est la plus uni-
versellement répandue, et que son mélange n'empêche pas la soude d'être mise dans le commerce,
et d'être employée dans l'état brut, et qu'elle
ressemble plus particulièrement à celle dont l'usage
est établi. De plus, comme on dégage l'acide
muriatique par le moyen de l'acide sulfurique,
on peut, par une même opération, faire du
muriate ammoniacal.

ARTICLE III.

Muriate d'ammoniaque.

DE toutes les combinaisons de l'ammoniaque, celle-ci est la plus intéressante et la plus usitée : on la connoît sous le nom de *sel ammoniac*.

On peut faire ce sel de toutes pièces, en décomposant le muriate de chaux par le moyen de l'ammoniaque, comme l'a pratiqué *Baumé* a Paris. Mais presque tout le sel ammoniac qui circule dans le commerce nous vient d'Egypte, où on l'extrait, par la distillation, de la suie qui provient de la combustion des excrémens des animaux qui se nourrissent de plantes salées.

Les détails du procédé qui y est usité ne nous sont pas connus depuis bien long-temps ; un des premiers qui nous ait donné la description de ce travail est *Sicard* ; il nous apprit, en 1716, qu'on remplissoit les vaisseaux distillatoires avec la suie des excrémens de bœuf, et qu'on y ajoutoit du sel marin et de l'urine de chameau.

Lemaire, consul au Caire, dans une lettre écrite à l'académie des sciences, en 1720, prétend qu'on n'y joint ni urine ni sel marin.

Hasselquist a communiqué à l'académie de Stockholm, une description assez étendue du procédé, d'où il résulte qu'on brûle indistinctement la fiente de tous les animaux qui broutent des plantes salées, et qu'on en distille la suie pour en obtenir le sel ammoniac.

On fait dessécher cette fiente en l'appliquant contre les murs, et on la brûle au lieu de bois dont le pays est dépourvu. La sublimation se fait dans de grandes bouteilles rondes, d'un pied et demi de diamètre, terminées par un col de deux doigts de haut, et on les remplit jusqu'à quatre doigts près du col; on entretient le feu pendant trois fois vingt-quatre heures: le sel se sublime, et il forme au haut de ces vases une masse qui en prend la forme et le contour; 20 livres de suie donnent 6 livres de sel ammoniac, d'après *Rudenskield.*

J'avois toujours cru qu'on pourroit extraire du sel ammoniac, en traitant de la même manière la fiente des animaux nombreux qui broutent des plantes salées, dans les plaines de la Camargue et de la Crau; et, après m'être procuré 2 livres de suie avec la plus grande peine, j'en ai extrait 4 onces de sel ammoniac. J'observerai, pour éviter beaucoup de peine à ceux qui voudroient suivre cette branche de commerce, que la fiente produite pendant l'été, le printemps ou l'automne, ne fournit point de sel. Je ne savois à quoi rapporter la versatilité de mes résultats, lorsque je me convainquis que ces animaux ne se nourrissent de végétaux salés, que lorsque les plantes douces leur manquent, et qu'ils ne sont réduits à la nécessité de recourir aux plantes salées que pendant les trois mois d'hiver. Cette observation me paroît prouver que le sel marin se décompose dans les premières voies, et que la soude se modifie à l'état d'ammoniaque.

Le sel ammoniac se sublime journellement par les soupiraux des volcans ; *Ferber* en a trouvé, et *Sage* l'a reconnu dans les produits volcaniques : il se forme dans les grottes de Pouzzol, selon *Svabb*, *Scheffer*, &c.

On le trouve dans le pays des Kalmouchs : *Model* en a fait l'analyse.

Il se produit dans le corps humain, et s'exhale par la transpiration, dans les fièvres malignes. *Model* a constaté ce fait sur lui-même ; car, à l'époque d'une sueur violente qui terminoit une fièvre maligne, il voulut se laver les mains dans une dissolution de potasse, et il se dégagea une prodigieuse quantité de gaz alkalin.

Le sel ammoniac crystallise, par évaporation, en prismes quadrangulaires, terminés par des pyramides quadrangulaires courtes : on l'obtient souvent crystallisé en rhombes, par la sublimation ; la face concave des pains de sel ammoniac du commerce, est quelquefois couverte de ces crystaux.

Ce sel a une saveur piquante, âcre, urineuse, il a une ductilité qui le rend flexible à la main, et le fait céder au choc du marteau ; il ne s'altère point à l'air, ce qui a fait présumer que notre sel ammoniac est différent de celui dont parlent *Pline* et *Agricola*, puisqu'il attire l'humidité.

3,5 parties d'eau, à 6 deg. ther. *Far.* en dissolvent une ; il se produit un froid assez fort par sa dissolution.

Cent parties de sel ammoniac contiennent 52 acide, 40 ammoniaque, 8 eau.

Ce sel n'est point décomposé par l'argille, il ne l'est que difficilement et en partie par la magnésie, mais complettement par la chaux et les alkalis fixes ; les acides sulfurique et nitrique en dégagent l'acide.

Ce sel est employé dans la teinture pour aviver certaines couleurs. On le mêle à l'eau-forte pour augmenter sa vertu dissolvante.

On s'en sert dans l'étamage, et il a le double avantage de décaper les métaux et d'en empêcher l'oxidation.

CHAPITRE V.

De l'Acide nitro-muriatique.

CE que nous appellons acide nitro-muriatique, est une combinaison d'acide nitrique et d'acide muriatique. Nos prédécesseurs l'avoient désigné sous le nom d'*eau régale*, par rapport à la propriété qu'il a de dissoudre l'or.

On connoît plusieurs procédés pour faire cet acide mixte.

Si on distille deux onces de sel commun avec quatre d'acide nitrique, ce qui passe dans le récipient est du bon acide nitro-muriatique.

Ce procédé est celui de *Baumé*.

On peut décomposer le *nitrate de potasse*, en distillant deux parties d'acide muriatique sur une de ce sel; on retire, par ce moyen, de la bonne eau régale, et le résidu est un muriate de potasse, selon *Cornette*.

Boerhaave dit avoir obtenu de la bonne eau régale, en distillant ensemble deux parties de nitre, trois de sulfate de fer, et cinq de sel commun.

La simple distillation du nitre de la première cuite fournit l'eau-forte, qui est employée dans les teintures à la dissolution de l'étain, pour faire la composition de l'écarlate : cette eau-forte est une véritable eau régale, et c'est en vertu de ce mélange d'acides qu'elle dissout l'étain ; si c'étoit de l'acide nitrique trop pur, il le corroderoit et l'oxideroit sans le dissoudre : les teinturiers disent alors que l'eau-forte précipite, ils corrigent le vice de l'acide en y dissolvant du sel ammoniac ou du sel commun.

Quatre onces de sel ammoniac en poudre, dissoutes peu à peu et à froid dans une livre d'acide nitrique, forment une excellente eau régale ; il se dégage pendant long-temps un gaz acide muriatique oxigéné qu'il est imprudent de coërcer, et il faut pratiquer des issues à cette vapeur.

On forme encore l'eau régale, en mêlant ensemble deux parties d'acide nitrique pur et une d'acide muriatique.

L'odeur très-manifeste d'acide muriatique oxigéné qui se dégage, quelque procédé qu'on adopte pour faire l'acide dont il est question, et la propriété qu'a également l'acide muriatique oxigéné de dissoudre l'or, ont fait croire que, dans le mélange des deux acides, le muriatique se portoit sur l'oxigène du nitrique et prenoit le caractère de l'acide muriatique oxigéné ; de façon qu'on ne considéroit l'acide nitrique que comme un moyen d'oxigéner le muriatique : mais ce système est outré ; et, quoique les vertus de l'acide muriatique se modifient par ce mélange, et qu'il s'oxigène par la décomposition d'une portion de l'acide nitrique, les deux acides existent encore dans l'eau régale. Je me suis convaincu que l'eau régale la mieux faite, saturée de potasse, fournissoit du muriate ordinaire, du muriate oxigéné et du nitrate; et il me paroît que l'action de l'eau régale n'est si énergique, que parce qu'on réunit des acides, dont deux sont très-propres à oxider les métaux, et l'autre très-avide de dissoudre ces oxides.

CHAPITRE VI.

De l'Acide boracique.

L'ACIDE boracique, plus généralement connu sous le nom de *sel sédatif d'Homberg*, est presque toujours fourni par la décomposition du borate de soude ou *borax* ; mais on l'a trouvé tout formé dans certains endroits, et on doit espérer que nous acquerrons incessamment des connoissances plus précises sur sa nature.

Hoëfer, directeur des Pharmacies de Toscane, a le premier démontré ce sel acide dans les eaux du lac *Chergiajo*, près *Monte-rotondo*, dans la province inférieure de Sienne : ces eaux sont très-chaudes ; elles lui ont fourni trois onces de cet acide pur par 120 livres. Ce même chymiste, ayant fait évaporer 12280 grains de l'eau du lac de *Castel-nuovo*, en a retiré 120 grains de cet acide; il présume même qu'on en trouveroit dans l'eau de plusieurs autres lacs, tels que ceux de *Lasso*, de *Monte-cerbeloni*, &c.

Sage a déposé à l'académie des sciences, de l'acide boracique apporté des mines de Toscane par *Besson*, qui l'avoit ramassé lui-même.

Westrumb a trouvé du sel sédatif dans la pierre qu'il appelle quartz cubique de *Lunebourg*; il l'a obtenu en décomposant cette pierre par les acides sulfurique, nitrique, &c. Le résultat de son analyse est le suivant:

Sel sédatif.	$\frac{6}{10}$
Terre calcaire.	$\frac{1}{10}$
Magnésie.	$\frac{1}{10}$
Argille, silex.	$\frac{2}{100}$
Fer.	$\frac{1}{200}$ à $\frac{3}{200}$

Cette pierre, d'après les observations de *Lassius*, est en petits crystaux cubiques, quelquefois transparens, d'autres fois laiteux, et donne des étincelles avec l'acier.

On trouve généralement l'acide boracique combiné avec la soude; c'est de cette combinaison qu'on le dégage, et on l'obtient par sublimation ou par crystallisation.

Lorsqu'on

Lorsqu'on veut le retirer par sublimation, on dissout dans l'eau trois livres de sulfate de fer calciné et deux onces de borate de soude, on filtre la liqueur, on la fait évaporer jusqu'à pellicule, et on procède à la sublimation dans une cucurbite de verre garnie de son chapiteau ; l'acide boracique s'attache sur les parois du chapiteau, et on le détache avec une barbe de plume.

Homberg l'obtenoit en décomposant le borax par l'acide sulfurique ; ce procédé m'a merveilleusement réussi : pour cet effet je me sers d'une cucurbite de verre armée de son chapiteau, que je place sur un bain de sable ; je verse sur le borax moitié de son poids d'acide sulfurique, et je procède à la sublimation ; l'acide sublimé est de la plus belle blancheur.

Sthal et *Lemery* le fils ont obtenu le même acide, en se servant des acides nitrique et muriatique.

Pour extraire l'acide boracique par crystallisation, on fait dissoudre le borax dans l'eau chaude, et on y verse de l'acide sulfurique en excès ; il se dépose, par le refroidissement, sur les parois des vases, un sel en feuillets minces et ronds appliqués les uns sur les autres ; ce sel est très-blanc, quand il est sec, très-léger et argentin ; c'est l'acide boracique.

Nous devons ce procédé à *Geoffroy. Baron.*

Tome I.   Z

y ajouta deux faits : le premier , que les acides
végétaux peuvent également décomposer le borax ; le second , qu'on pouvoit régénérer le
borax en combinant l'acide boracique avec la
soude.

On peut purifier cet acide par des dissolutions,
filtrations et évaporations ; mais on doit observer que l'eau qui s'évapore en volatilise une bonne
partie.

L'acide boracique a une saveur salée , fraîche ;
il colore en rouge la teinture de tournesol , le
sirop de violettes, &c.

Une livre d'eau bouillante n'en a dissous que
183 grains , d'après *Morveau.*

L'alkool le dissout plus facilement , et la
flamme que fournit cette dissolution est d'un
beau vert. Cet acide exposé au feu se réduit en
une substance vitriforme et transparente , plutôt
que de se volatiliser ; ce qui prouve , comme l'a
observé *Rouelle,* qu'il ne se sublime qu'à la faveur
de l'eau avec laquelle il forme un composé très-
volatil.

Comme presque tous les acides connus dégagent cet acide et nous le présentent sous la même
forme , on a cru pouvoir conclure qu'il existoit
tout formé dans le borax. *Baumé* a même avancé
avoir composé cet acide , en laissant à l'air , dans
une cave , un mélange d'argille grise , de graisse et

de fiente de vache ; mais *Wiegleb*, après un travail infructueux de trois ans et demi, s'est cru
autorisé à donner un démenti formel au chymiste
François.

Cadet a cherché à prouver, 1°. que l'acide
boracique retenoit toujours de l'acide employé
dans l'opération ; 2°. que ce même acide a encore l'alkali minéral pour base. *Morveau* a discuté,
avec sa sagacité ordinaire, toutes les preuves apportées par *Cadet ;* il a fait voir qu'aucune n'étoit
concluante, et que l'acide boracique devoit de-
meurer au rang des élémens chymiques.

ARTICLE PREMIER.

Borate de potasse.

L'ACIDE boracique combiné avec la potasse
forme ce sel : on peut l'obtenir par la combinaison directe de ces deux principes séparés, ou
en décomposant le borax par la potasse.

Ce sel, encore peu connu, a fourni à *Baumé*
de petits crystaux.

Les acides le décomposent en s'emparant de sa
base alkaline.

A R T I C L E I I.

Borate de soude.

CETTE combinaison forme le *borax* propre-
ment dit.

Ce sel nous est apporté de l'Inde , et son origine nous est encore inconnue : on peut consulter l'article BORAX *du Diction. d'hist. naturelle*
de *Bomare.*

Il ne paroît pas que le borax ait été connu
des anciens. La chrysocolle , dont parle *Dios-*
coride , n'étoit qu'une soudure préparée artificiel-
lement ; elle étoit faite par les ouvriers eux-
mêmes , avec de l'urine d'enfant et de la rouille de
cuivre , que l'on broyoit ensemble dans un mortier de cuivre.

Le nom de *borax* se trouve , pour la première
fois , dans les ouvrages de *Geber ;* tout ce qui a
été écrit , depuis ce temps-là , sur le borax , s'applique à la substance que nous désignons par ce
nom.

Le borax est sous trois états dans le commerce:
le premier est le *borax brut* , *tinckal* ou *chry-*
socolle ; il nous vient de Perse ; il est encroûté
d'une couche de matière graisseuse qui le salit.
Les morceaux de borax brut ont presque tous
la forme d'un prisme à six pans , légérement

applati et terminé par une pyramide dihèdre ; la cassure de ces crystaux est luisante et présente un coup - d'œil verdâtre. Cette sorte de borax est très-impure. On prétend que le borax s'extrait du lac Necbal, dans le royaume du grand Thibet : ce lac se remplit d'eau pendant l'hiver, se dessèche en été ; et lorsque les eaux sont basses, on y fait entrer des hommes qui détachent, de la vase, les crystaux, et les mettent dans des paniers.

Les Indes occidentales contiennent du borax ; c'est à *Antoine Carrère*, médecin établi au Potosi, qu'on en doit la découverte. Les mines de *Riquintipa*, celles des environs d'*Escapa*, offrent ce sel en abondance ; les gens du pays l'emploient à la fonte des mines de cuivre.

La seconde sorte de borax connue dans le commerce est le borax de la Chine : il est plus pur que le précédent, et on le distribue en petites plaques crystallisées sur une de leurs surfaces, où l'on apperçoit des rudimens de prismes : ce borax est mêlé d'une poussière blanche qui paroît argilleuse.

Ces divers borax ont été purifiés à Venise, pendant long-temps, puis en Hollande : mais les frères *Leguiller* le raffinent aujourd'hui à Paris, et ce borax purifié forme la troisième sorte du commerce.

Z 3

Pour purifier le borax, il n'est question que de le débarrasser de cette matière onctueuse qui le salit et s'oppose à sa dissolution.

Le borax brut qu'on fait dissoudre dans une lessive d'alkali minéral, s'y dissout plus complètement, et on peut l'obtenir assez beau par une première crystallisation ; mais il retient de l'alkali employé, et le borax purifié de cette manière a plus d'alkali que dans son état brut.

On peut détruire la partie huileuse du borax par la calcination ; il devient par-là plus soluble, et on peut le purifier par ce procédé ; mais il y a, dans ce cas, une perte considérable, et ce n'est pas aussi avantageux qu'on pourroit se l'imaginer.

Le moyen le plus simple pour purifier le borax, consiste à le faire bouillir fortement et pendant long-temps ; on filtre cette dissolution, on obtient, par l'évaporation, des crystaux un peu sales, qu'on purifie par une seconde opération semblable à la première. J'ai essayé tous ces procédés en grand, et ce dernier m'a paru le plus simple.

Le borax purifié est blanc, transparent ; il a un coup-d'œil graisseux dans sa cassure.

Il crystallise en prismes hexaèdres, terminés par des pyramides trihèdres, quelquefois hexaèdres.

Il a une saveur stiptique.

Il verdit le sirop de violettes.

Le borax exposé au feu se boursouffle, l'eau de crystallisation se dissipe en fumée, et il forme alors une masse poreuse, légère, blanche et opaque; c'est ce qu'on appelle *borax calciné*. Si on le pousse à un feu plus violent, il prend une forme pâteuse, et finit par se fondre en verre transparent, d'un jaune verdâtre, soluble dans l'eau, et qui se recouvre à l'air d'une efflorescence blanche qui en ternit la transparence.

Ce sel exige dix-huit fois son poids d'eau, à la température de 60 deg. ther. *Far.* pour être dissous: l'eau bouillante en dissout un sixième.

La barite et la magnésie décomposent le borax, l'eau de chaux précipite la dissolution de ce sel; et si on fait bouillir de la chaux vive avec le borax, il se forme un sel peu soluble qui est un borate de chaux.

Le borax est employé comme un excellent fondant dans les travaux docimastiques. On le fait entrer dans la composition des flux réductifs; il est d'un très-grand usage dans les analyses au chalumeau; on peut s'en servir avec avantage dans les verreries; lorsqu'une fonte tourne mal, un peu de borax la rétablit. On s'en sert, sur-tout, dans les soudures; il aide la fusion de l'alliage, le fait couler, et entretient la surface des métaux dans un ramollisse-

ment qui facilite l'opération. Il n'est presque
d'aucun usage en médecine : le sel sédatif est seul
employé par quelques médecins, et son nom
indique ses usages.

Le borax a l'inconvénient de se boursouffler,
et il demande la plus grande attention de la part
de l'artiste qui l'emploie dans les ouvrages dé-
licats, sur-tout lorsqu'on forme des dessins avec
de l'or de diverses couleurs. On desire, depuis
long-temps, de pouvoir lui substituer quelque
composition qui puisse le remplacer sans partager ses défauts.

Georgi a publié le procédé suivant : on dissout dans l'eau de chaux le natron mêlé de sel
marin et de sel de Glauber ; on met à part les
crystaux qui se déposent par le refroidissement
de la liqueur. On fait évaporer la lessive de natron ; on dissout ensuite ce sel dans le lait ; il
produit à peine, par l'évaporation, le huitième
du natron employé : on peut faire servir le résidu
aux mêmes usages que le borax.

Struve et *Exchaquet* ont prouvé que le phosphate de potasse fondu avec une certaine quantité
de sulfate de chaux, forment un verre excellent
pour souder les métaux. *Voyez* Journal de phys.
t. 29, p. 78 et 79.

ARTICLE III.

Borate d'ammoniaque.

CE sel est encore peu connu. Nous devons
à *Fourcroy* les renseignemens suivans : il a dissous l'acide boracique dans l'ammoniaque, il a
évaporé et obtenu une couche de crystaux réunis dont la surface offroit des pyramides po-
lièdres. Ce sel a une saveur piquante et urineuse ;
il verdit le sirop de violettes ; il perd peu à peu
sa forme crystalline , et devient d'une couleur
brune par le contact de l'air ; il paroît assez soluble dans l'eau ; la chaux en dégage l'ammoniaque.

FIN DU TOME PREMIER.

www.ingramcontent.com/pod-product-compliance
Lightning Source LLC
Chambersburg PA
CBHW060525220326
41599CB00022B/3431